7
1964

Faserforschung und Textiltechnik

WISSENSCHAFTLICH-TECHNISCHE ZEITSCHRIFT
FÜR DIE CHEMIEFASER- UND TEXTILINDUSTRIE

BEGRUNDET VON
ERICH CORRENS UND WALTER FRENZEL

HERAUSGEGEBEN VON ERICH CORRENS –
WOLFGANG BOBETH – HANS BÖHRINGER – HERMANN KLARE

Philipp und Lehmann
Zur Löslichkeit von Cellulose in zinkathaltiger Natronlauge

Stübner und George
Beitrag zur Fadenbildung technischer Cordfäden

Schwenke
Synthese cyclischer Oligamide der ε-Aminocapronsäure über energiereiche Phosphorigsäure-Derivate

Philipp, Reichert, Tryonadt und Gröbe
Zur Titration saurer Gruppen in Rein- und Copolymeren des Acrylnitrils
7. Mitt. zur Analytik der Polyacrylnitrilfasern

Jambrich und Diačik
Beitrag zum Studium der Strukturveränderungen von Polycaproamidfasern bei Deformationen in der Faserlängsrichtung
IV. Zweistufige Deformation von Polycaproamidfasern bei Temperaturen in der zweiten Deformationsstufe im Bereich von 80 bis 180 °C

Černý
Die Berechnung des Orientierungsfaktors der Fasern von orthogonalkristallographischen Systemen aus einem Paar von paratropen Ebenen (hol)

Frenzel, Hahn und Stemmler
Untersuchungen am selbstschreibenden Drehungszähler

Patentschau

Literaturschau

AKADEMIE-VERLAG BERLIN

Faserforsch. u. Textiltechn. · 15. Jahrg. · Heft 7 · Seiten 283–336 · Berlin im Juli 1964

VOIGT
T 150

Faserforschung und Textiltechnik

7
1964

WISSENSCHAFTLICH-TECHNISCHE ZEITSCHRIFT FÜR DIE CHEMIEFASER- UND TEXTILINDUSTRIE

BEGRÜNDET VON
ERICH CORRENS UND WALTER FRENZEL

HERAUSGEGEBEN VON E. CORRENS – W. BOBETH – H. BÖHRINGER – H. KLARE

SCHRIFTLEITER J. BRÄMER

INHALT

283 *Burkart Philipp* und *Ruth Lehmann*
Zur Löslichkeit von Cellulose in zinkathaltiger Natronlauge

289 *Manfred Stübner* und *Jürgen George*
Beitrag zur Fadenbildung technischer Cordfäden

297 *Klaus-Dieter Schwenke*
Synthese cyclischer Oligamide der ε-Aminocapronsäure über energiereiche Phosphorigsäure-Derivate

304 *Burkart Philipp*, *Hans Reichert*, *Annemarie Tryonadt* und *Volker Gröbe*
Zur Titration saurer Gruppen in Rein- und Copolymeren des Acrylnitrils
7. Mitt. zur Analytik der Polyacrylnitrilfasern

316 *Martin Jambrich* und *Ivan Diačik*
Beitrag zum Studium der Strukturveränderungen von Polycaproamidfasern bei Deformationen in der Faserlängsrichtung
IV. Zweistufige Deformation von Polycaproamidfasern bei Temperaturen in der zweiten Deformationsstufe im Bereich von 80 bis 180 °C

321 *Josef Černý*
Die Berechnung des Orientierungsfaktors der Fasern von orthogonalkristallographischen Systemen aus einem Paar von paratropen Ebenen (hol)

325 *Walter Frenzel*, *Guido Hahn* und *Friedrich Stemmler*
Untersuchungen am selbstschreibenden Drehungszähler

332 Patentschau

334 Literaturschau

Die Zeitschrift „Faserforschung und Textiltechnik" erscheint monatlich in Heften zu 48 Textseiten im Format A 4. Der Preis für das Einzelheft beträgt DM 9,–, für den Vierteljahrbezug DM 27,– zuzügl. Bestellgeld. Die Berechnung erfolgt zu Beginn eines Vierteljahrs für 3 Hefte. Bestellungen aus dem Gebiet der Deutschen Demokratischen Republik an ein Postamt, eine Buchhandlung oder den Verlag, aus der Deutschen Bundesrepublik an eine Buchhandlung oder die Auslieferungsstelle Kunst und Wissen, Erich Bieber, Stuttgart S, Wilhelmstraße 4–6, aus dem Ausland an eine Importbuchhandlung, den Deutschen Buch-Export und -Import, GmbH., Leipzig C 1, Postschließfach 276, oder den Akademie-Verlag GmbH., Berlin W 8, Leipziger Str. 3–4 (Fernruf: 220441; Telex-Nr. 011773; Postscheckkonto 35021) erbeten. Bestellnummer dieses Heftes: 1014/15/7. Alleinige Anzeigenannahme DEWAG-WERBUNG, Berlin C 2, Rosenthaler Str. 28/31, und alle DEWAG-Betriebe in den Bezirksstädten der DDR.

Bestellungen in der UdSSR nehmen entgegen: Städtische Abteilungen von „SOJUZPECHATJ" bzw. Postämter und Postkontore.

Herausgeber und verantwortlich für den Inhalt: Prof. Dr. Erich Correns, Institut für Faserstoff-Forschung der Deutschen Akademie der Wissenschaften zu Berlin, Teltow-Seehof, Fernruf: Teltow 4431; Prof. Dr.-Ing. habil. Wolfgang Bobeth, Institut für Technologie der Fasern der Deutschen Akademie der Wissenschaften zu Berlin, Dresden A 1, Hohe Str. 6, Fernruf: Dresden 40837; Prof. Dr.-Ing. Hans Böhringer, Institut für Textiltechnologie der Chemiefasern Rudolstadt, Fernruf: Rudolstadt 2031; Prof. Dr. Hermann Klare, Institut für Faserstoff-Forschung der Deutschen Akademie der Wissenschaften zu Berlin, Teltow-Seehof, Fernruf: Teltow 4431. Schriftleiter: Joachim Brämer, Teltow-Seehof, Kantstr. 55. Verlag: Akademie-Verlag GmbH., Berlin W 8, Leipziger Str. 3–4. Satz und Druck: Druckhaus „Maxim Gorki", Altenburg. — Veröffentlicht unter der Lizenznummer 1280 des Presseamtes beim Vorsitzenden des Ministerrates der Deutschen Demokratischen Republik.

Faserforschung und Textiltechnik

WISSENSCHAFTLICH-TECHNISCHE ZEITSCHRIFT FÜR DIE CHEMIEFASER- UND TEXTILINDUSTRIE

Band 15 Juli 1964 Heft 7

Zur Löslichkeit von Cellulose in zinkathaltiger Natronlauge

Burkart Philipp und Ruth Lehmann

Deutsche Akademie der Wissenschaften zu Berlin, Institut für Faserstoff-Forschung in Teltow-Seehof

DK 661.728:677.46:541.8:546.33—36:546.47—31

Bei systematischen Untersuchungen zum Einfluß von NaOH- und ZnO-Konzentration sowie der Temperatur auf die Löslichkeit von Cellulose in zinkathaltiger Natronlauge wurde für Lauge gegebener Zusammensetzung in Abhängigkeit von der Temperatur ein Maximum zwischen 0 und +10 °C beobachtet, das auch mit zinkatfreier Natronlauge auftritt, wenn infolge guter Zugänglichkeit und niedrigem DP eine hohe Löslichkeit des Cellulosepräparates vorliegt. Eine Deutung für dieses Verhalten wird gegeben. Zur Lösungsfraktionierung von Celluloseregeneratfasern mit 12%iger NaOH abgestuften ZnO-Gehaltes werden eine rasch durchführbare Methode beschieben und deren Anwendungsgrenzen erörtert.

О растворимости целлюлозы в растворах едкого натрия, содержащих окись цинка

Изучалось влияние концентрации NaOH и ZnO и температуры на растворимость целлюлозы в содержащей цинкат щелочи. При этом для щелочного раствора данного состава при температурах от 0 до +10 °C наблюдался максимум растворимости, который имел место и для не содержащей цинката щелочи в случаях, когда вследствие высокой степени доступности и низкой СП достигалась большая растворимость препарата целлюлозы в щелочи. Приведена интерпретация этого явления. Описан скоростной метод фракционирования гидратцеллюлозных волокон путем дробного растворения в 12%-ных растворах NaOH с различным содержанием окиси цинка и приведены пределы применимости этого метода.

On the Solubility of Cellulose in Zinc Containing Sodium Hydroxide

Within a systematic investigation concerning influence of NaOH- and ZnO-concentration as well as temperature on the solubility of cellulose in solutions of NaOH containing ZnO, a maximum of solubility was found between 0 and 10 °C, using constant lye-concentration. The same temperature dependent maximum is observed with aqueous NaOH free of zincate as far as the cellulose sample has high solubility due to low DP and good accessibility. An explanation of this behavior is given. A procedure fast to carry through is presented for chain-length fractionation of regenerate cellulose fibre by extraction with 12% aqueous NaOH of different ZnO-content, and the limitations of this method are surveyed.

1 Einführung

Die Löslichkeit von Cellulosepräparaten in Natronlauge läßt sich bekanntlich durch Zusatz bestimmter Metallhydroxide wie Zinkhydroxid oder Berylliumhydroxid beträchtlich erhöhen, wobei man eine Art Komplexbildung der in diesen Lösungen vorhandenen Hydroxoanionen mit den Hydroxylgruppen der Cellulose annimmt. Hinsichtlich der einschlägigen Literatur sei auf eine frühere Veröffentlichung verwiesen, in der wir über eine Charakterisierung des Kurzkettenanteils von Zellstoffen, Alkalicellulosen und Regeneratfasern mit Hilfe dieser „Zinkatlöslichkeit" berichteten [1]. Um zu prüfen, inwieweit die dort beschriebene Methodik auch auf Anteile höheren Polymerisationsgrades ausgedehnt werden kann, wurde zunächst der Einfluß von NaOH- und ZnO-Konzentration sowie der Temperatur auf die Löslichkeit systematisch untersucht und dann versucht, geeignete Bedingungen für eine rasch durchführbare Lösungsfraktionierung festzulegen und deren Aussagekraft als betriebliche Schnellmethode abzuschätzen. Wir knüpften dabei an ältere Veröffentlichungen von *Davidson* [2] an, der unter Verwendung abgebauter Baumwollcellulosen eine starke Zunahme der „Zinkatlöslichkeit" mit abnehmender Temperatur festgestellt hatte und bei Raumtemperatur eine maximale Löslichkeit mit einer ca. 3,5 n NaOH möglichst hohen Zinkatgehaltes erzielte, sowie an eine Arbeit von *Kebl* und *Kudlacek* [3], welche die Möglichkeit einer Herstellung technischer Cellulosespinnlösungen auf Basis zinkathaltiger Natronlauge erörterten.

2 Untersuchungen zur „Zinkatlöslichkeit" verschiedener Cellulosepräparate

2.1 Bemerkungen zur Versuchsmethodik

Zur Herstellung der zinkathaltigen NaOH verfuhren wir nach [2], indem 40%ige wäßrige NaOH mit einem Überschuß von ZnO 24 h geschüttelt, dann zum Sieden erhitzt und wieder abgekühlt wurde. Nach mehrtägigem Stehen wurde durch Zentrifugieren vom ungelösten ZnO abgetrennt. Nach Analyse dieser Stammlösung wurde mit NaOH entsprechender Konzentration auf den gewünschten NaOH- und ZnO-Gehalt verdünnt. Die Bestimmung des ZnO-Gehaltes erfolgte komplexometrisch nach Verdünnen einer entsprechenden Einwaage mit Wasser und Neutralisieren mit HCl. Zur Ermittlung des Gesamtalkaligehaltes versetzten wir eine Einwaage der Lauge mit etwas mehr als der zur Blockierung des Zinks erforderlichen Menge an 0,02 m „Chelaplex"-III-Lösung (Zugabe bis etwa 1 ml im Überschuß) und titrierten nach Verdünnen mit Wasser mit 0,5 n HCl gegen Methylrot.

Die maximale ZnO-Konzentration, bei der die Lauge noch stabil blieb, stieg mit der NaOH-Konzentration und betrug für 10% NaOH 3,9% ZnO entsprechend einem Molverhältnis [ZnO]/[NaOH] von 0,19, für 12% NaOH 4,9% ZnO (Molverhältnis 0,20), für 14% NaOH 6,3% ZnO (Molverhältnis 0,22), für 16% NaOH 7,4% ZnO (Molverhältnis 0,23).

Zur Löslichkeitsbestimmung von Cellulosepräparaten verfuhren wir wie folgt: In 50,0 ml Zinkatlauge vorgegebener Konzentration und Temperatur wurden 0,500 g Cellulosematerial (auf atro berechnet) eingetragen, wobei dieses vorher in einer Schlagkreuzmühle zu einem watteartigen Faserflaum zerkleinert wurde. Nach kurzem Umschwenken

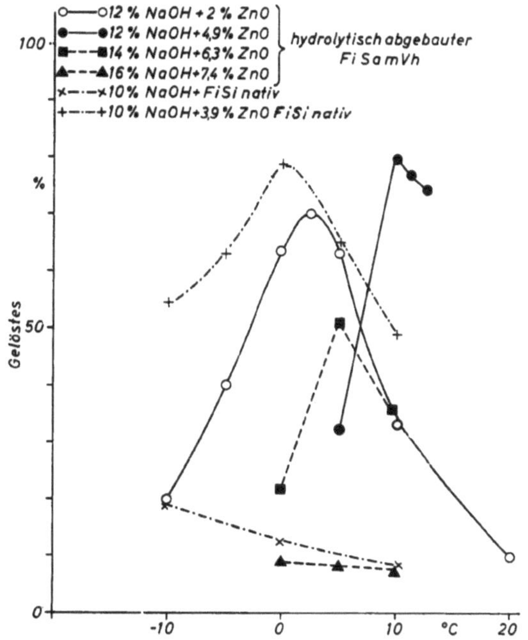

Bild 1. Löslichkeit von Zellstoffen in Zinkatlaugen

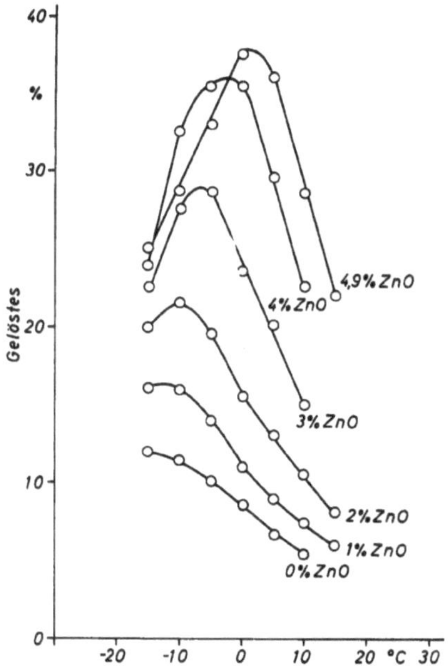

Bild 2. Löslichkeit von FiSi-Zellstoff in 12%iger NaOH steigender ZnO-Konzentration

zur gleichmäßigen Verteilung der Probe in der Lösung wurde 1 h bei der betreffenden Temperatur im Thermostaten stehen gelassen, dann nach kurzem Zentrifugieren die überstehende Lösung durch eine G 2-Fritte abdekantiert und in 5 ml des Filtrats die gelöste Cellulosemenge durch Naßverbrennung mit Bichromat-Schwefelsäure bestimmt.

2.2 *Experimentelle Untersuchungen zur „Zinkatlöslichkeit" von Cellulosepräparaten*

Die in Bild 1 und 2 zusammengefaßten Ergebnisse zeigen am Beispiel eines hydrolytisch abgebauten Vorhydrolysesulfatzellstoffs und eines nativen Fichtensulfitzellstoffs den Anstieg der Löslichkeit in 10 und 12%-iger NaOH mit zunehmender Zinkatkonzentration. Die höchsten Löslichkeiten werden auch bei Gegenwart von Zinkat mit 10%iger NaOH erzielt; eine Steigerung der NaOH-Konzentration auf 12, 14 und 16% führt trotz des dadurch ermöglichten höheren absoluten Zinkatgehaltes wie auch des ansteigenden Molverhältnisses [ZnO]/[NaOH] zu einem recht deutlichen Absinken der Maximallöslichkeit.

Die Temperaturabhängigkeit der Löslichkeit weist bei Verwendung von zinkathaltiger Natronlauge hoher Lösekraft ein ausgeprägtes Maximum auf, das im allgemeinen zwischen 0 und + 10 °C liegt. Die Zahlenwerte der Tabelle 1 bestätigen, daß dieses Maximum nicht etwa

Tabelle 1. Löslichkeit von Fichtesulfit-Zellstoff in 12% NaOH + 4,9% ZnO

Lösezeit [h]	% Gelöstes bei −10 °C	0 °C	+15 °C
1	24,7	39,5	23,8
2	27,1	39,9	24,1
4	26,2	39,1	24,3
8	26,0	37,8	23,5

durch ein verzögertes Inlösunggehen der Celluloseketten bei tiefer Temperatur nur vorgetäuscht ist, sondern daß vielmehr unsere Löslichkeitswerte nach 1 h Lösezeit durchaus als Gleichgewichtswerte betrachtet werden können.

Während in zinkatfreier 10- und 12%iger NaOH für einen nativen Fichtensulfitzellstoff (DP 1200, 95,5% α-Cellulose) die Löslichkeit mit sinkender Temperatur bis zum Gefrierpunkt der Lauge stetig zunimmt, wird schon mit 2% ZnO-Zusatz ein deutliches Löslichkeitsmaximum bei — 10 °C beobachtet, das bei weiterer Steigerung des Zinkatgehaltes immer ausgeprägter wird und sich gleichzeitig nach höheren Temperaturen verlagert (Bild 2). Auch mit zinkatfreier 10- und 12%iger NaOH tritt ein solches Maximum auf, wenn auf Grund einer hohen Zugänglichkeit und eines relativ niedrigen DP des Cellulosepräparates (hydrolytisch abgebauter Zellstoff, Celluloseregeneratfaser) die Maximallöslichkeit hohe Werte von etwa 40% und mehr erreicht (Bild 3), wobei auch in diesen Fällen ein Zinkatzusatz nicht nur die Löslichkeit weiter ansteigen läßt, sondern auch ihren Maximalwert wieder nach höheren Temperaturen verschiebt.

Wird ein Cellulosepräparat zunächst bei einer Temperatur oberhalb oder unterhalb des Maximums 1 h mit Zinkatlauge behandelt und erst dann für eine weitere Stunde die dem Löslichkeitsmaximum entsprechende Temperatur eingestellt, so steigt die Löslichkeit zwar merklich an, bleibt jedoch beträchtlich unter dem Maximalwert, der bei sofortiger Einstellung dieser Temperatur erreicht würde (vgl. auch [2]). Orientierende Untersuchungen zur Bodenkörperanalyse nach *Schwarzkopf* [4] an den in Zinkatlauge gequollenen Cellulosepräparaten führten wegen einer durch die sehr starke Quellung bedingten großen Unsicherheit beim Extrapolieren der Werte für Alkali- und Wasseraufnahme zu keinen quantitativen Ergebnissen und lassen nur eine mit sinkender

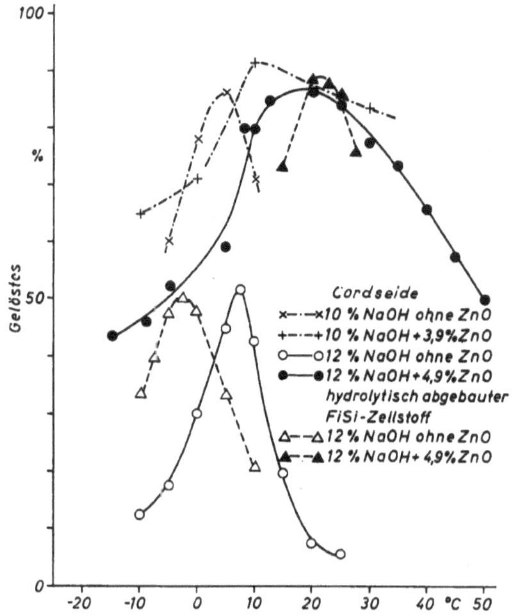

Bild 3. Löslichkeit in 10- bzw. 12%iger NaOH mit und ohne Zinkatzusatz

Temperatur stetig zunehmende NaOH- und ZnO-Aufnahme durch die Celluloseketten vermuten. Ein dem Löslichkeitsverlauf analoges Maximum bei bestimmter Temperatur wird für „Zinkatlauge" auch in den Quellwerten eines Fichtensulfitzellstoffs beobachtet, und zwar sowohl für die im Blatt gemessene Dickenquellung, wie auch für die als Schleuderquellwert [5] bestimmte Laugenaufnahme (Bild 4). Mit zinkatfreier 12%iger NaOH tritt ein solches Maximum nur in der Dickenquellung auf, und zwar wiederum bei niedrigerer Temperatur als mit Zinkatlauge, während die Schleuderquellwerte hier analog den Löslichkeiten mit sinkender Temperatur stetig zunehmen.

Während bei nativen Zellstoffen je nach Ausgangs-DP und Kochverfahren die Maximallöslichkeit in 12% NaOH + 4,9% ZnO bei 40 bis 60% liegt und das Maximum bei Temperaturen zwischen 0 und +5°C auftritt, steigt die Löslichkeit nach hydrolytischem Abbau sehr stark an bis auf 80 bis 90%, worauf schon *Kebl* und *Kudlacek* [3] hinwiesen. Gleichzeitig verschiebt sich dabei das Maximum nach höheren Temperaturen. Vergleicht man die Maximallöslichkeit nativer Zellstoffe mit der von hieraus hergestellten, regenerierten Alkalicellulosen, so zeigt sich für nicht oder wenig vorgereifte Proben zunächst ein Abfall und erst nach stärkerem Abbau in der Vorreife ein Anstieg über die Löslichkeit des nativen Stoffes hinaus, wobei aber in keinem Falle die hohe Löslichkeit eines hydrolytisch auf einen vergleichbaren DP abgebauten Präparates erreicht wird. Die Temperatur maximaler Löslichkeit liegt bei den durch Vorreife abgebauten Proben ebenfalls etwas höher als bei den nativen Zellstoffen (Tabelle 2).

Im Gegensatz zu regenerierten Alkalicellulosen lassen sich bei Celluloseregeneratfasern und -filmen ähnlich wie bei hydrolytisch abgebauten Zellstoffen Maximallöslichkeiten von ca. 90% erreichen (Bild 3), wobei jedoch das Maximum in Abhängigkeit von der Temperatur er-

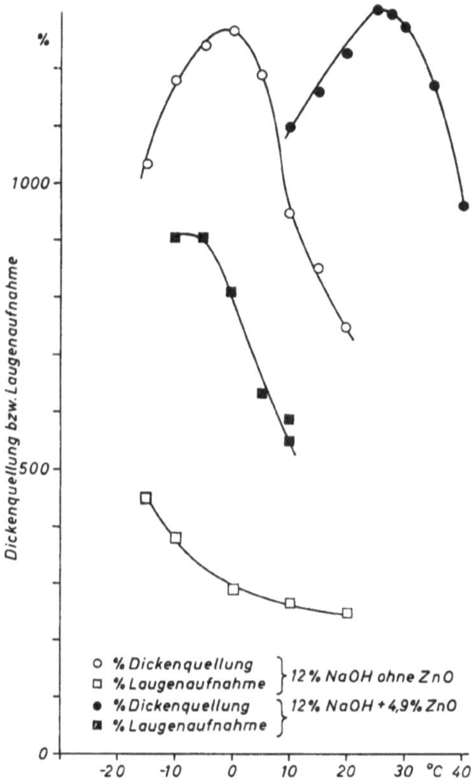

Bild 4. Dickenquellung und Laugenaufnahme (FiSi)

heblich flacher verläuft und sich beispielsweise bei einer Cordseide die Löslichkeit in 12% NaOH + 4,9% ZnO zwischen +12 und +25°C kaum änderte. Im Vergleich zum nativen Zellstoff ist bei Regeneratfasern der Unterschied in den mit 10% NaOH ohne ZnO, 10% NaOH + 3,9% ZnO und 12% NaOH + 4,9% ZnO erreichbaren Maximallöslichkeiten auffallend gering.

2.3 *Diskussion der Ergebnisse*

Während unsere Untersuchungen zum Einfluß von Laugenzusammensetzung und Vorbehandlung des Cellulosematerials auf die Zinkatlöslichkeit frühere Ergebnisse [2, 3] ergänzen und bestätigen und somit keiner

Tabelle 2. Löslichkeit verschieden abgebauter Cellulosepräparate in 12% NaOH + 4,9% ZnO

Cellulosepräparate		DP	maximale Löslichkeit	
			% Gelöstes	°C
Linters-Zellstoff		860	50	+10
FiSi	nativ	1200	38	+ 1
,,	hydrolyt. abgebaut	453	89	+21
,,	alkalisch abgebaut	532	42	+ 9
,,	,, ,,	370	70	+ 5
FiSa	m. Vh. nativ	735	58	+ 6
,,	hydrolyt. abgebaut	460	93	+ 7
,,	alkalisch abgebaut	512	39	+ 9
,,	,, ,,	371	92	+ 7
BuSi	nativ	758	47	+ 4
,,	alkalisch abgebaut	477	68	+ 7

weiteren Diskussion bedürfen, sei auf die zunächst unerwartete Temperaturabhängigkeit der Löslichkeitswerte in zinkathaltiger Natronlauge etwas ausführlicher eingegangen. Die meist vertretene Auffassung, wonach Alkalilöslichkeit und Quellwert der Cellulose mit sinkender Temperatur grundsätzlich ansteigen, trifft offensichtlich nicht in jedem Falle zu, sondern gilt nur im Bereich verhältnismäßig geringer „Maximallöslichkeiten", während bei hoher Löslichkeit diese für eine vorgegebene Laugenzusammensetzung in Abhängigkeit von der Temperatur ein ausgeprägtes Maximum durchläuft, und zwar sowohl, wenn die hohe Löslichkeit von der Laugenseite durch Erhöhung der Lösekraft mittels Zinkatzusatz erreicht wird, wie auch, wenn sie von der Celluloseseite durch hohe Zugänglichkeit und niedrigen DP bedingt ist. Für die Temperatur maximaler Löslichkeit zeigt sich dabei eine ansteigende Tendenz mit zunehmender Maximallöslichkeit (Bild 5).

Eine befriedigende Erklärung dieser Temperaturabhängigkeit der Löslichkeitswerte ist unseres Erachtens möglich, wenn man von der in zahlreichen grundlegenden Arbeiten untersuchten Abhängigkeit der Löslichkeit von der Laugenkonzentration („% *L*-*c*-Diagramm") ausgeht: Das schon lange bekannte Löslichkeitsmaximum in Natronlauge bei einer knapp oberhalb der röntgenographischen Mercerisationsgrenze liegenden Konzentration (ca. 10% NaOH bei Raumtemperatur) wird mit abnehmender Lösetemperatur nicht nur höher, sondern gleichzeitig zunehmend nach niedrigeren NaOH-Konzentrationen verschoben, indem bei tieferer Temperatur einerseits das Eindringen der Lauge in die geordneten Bereiche und die Bildung der Cellulose-Alkali-Verbindung begünstigt und so eine stärkere Quellung und Herauslösung auch längerer Celluloseketten ermöglicht wird, andererseits infolge dieser höheren Maximallöslichkeit und der niedrigeren Temperatur auch ein gegenläufiger Aussalzeffekt [2] schon bei geringerer Ionenstärke wirksam ist und so nach Durchlaufen des Maximums die Löslichkeit bei weiterer Konzentrationssteigerung der Lauge rasch wieder abnimmt.

Betrachtet man nun den Lösevorgang für eine bestimmte NaOH-Konzentration, die bei Raumtemperatur im oder oberhalb des Löslichkeitsmaximums liegt (z. B. 12% NaOH), so wird mit sinkender Lösetemperatur zunächst symbat mit der Erhöhung dieses Maximums die Löslichkeit ansteigen, bis der andere Faktor, nämlich die Verschiebung dieses Maximums nach niedrigerer Laugenkonzentration, also seine zunehmende Entfernung von der hier vorgegebenen Laugenzusammensetzung überwiegt, so daß zwangsläufig ein Löslichkeitsmaximum im % L—$T°$-Diagramm auftreten muß. Bei einer Erhöhung der Löslichkeit sowohl durch Zinkzusatz zur Lauge wie auch infolge besserer Zugänglichkeit und DP-Abbau des Cellulosematerials wird die Temperatur maximaler Löslichkeit ansteigen, da der zweite der oben genannten Faktoren infolge eines zunehmend stärkeren Wirksamwerdens des „Aussalzeffektes" mehr in den Vordergrund tritt.

3 *Versuche zur Kettenlängenfraktionierung der Cellulose mittels zinkathaltiger Natronlauge*

Eine früher von uns beschriebene Kurzkettenfraktionierung regenerierter Alkalicellulosen für Cordseiden-

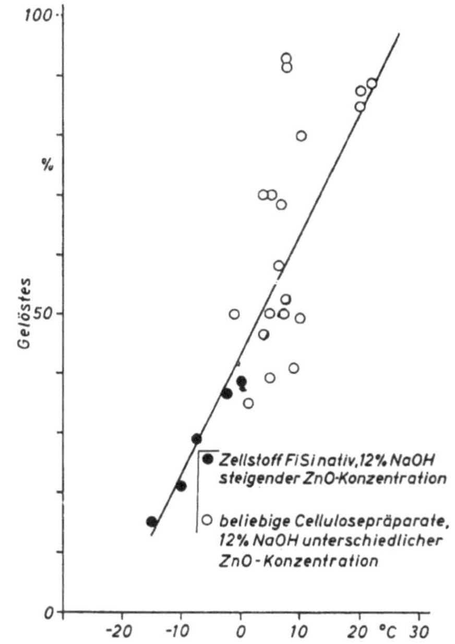

Bild 5. Zusammenhang zwischen maximaler Löslichkeit und zugehöriger Lösetemperatur

viskosen [1] beruhte auf der summativen Lösungsfraktionierung in 12% NaOH + 2% ZnO mit der zwischen ca. 15 und 25 °C variierten Lösetemperatur als Parameter, wobei in der Extraktionslauge unmittelbar eine Bestimmung von Mengenanteil und DP der gelösten Cellulose durch Viskosimetrieren und anschließende Naßverbrennung vorgenommen wurde. Diese Methode sollte im Prinzip beibehalten und durch Erhöhung der Lösekraft der Lauge über die Lösetemperatur oder den ZnO-Gehalt nach höheren Polymerisationsgraden hin erweitert werden.

Wir prüften zunächst die erste Möglichkeit, indem mit Zinkatlauge hoher Lösekraft (12% NaOH, 4,9% ZnO) gearbeitet und die Lösetemperatur von 35 auf 5 °C stufenweise verringert wurde. Mit einem hydrolytisch abgebauten Textilzellstoff ließ sich so eine gut reproduzierbare Lösungsfraktionierung vornehmen, indem die gelöste Menge von ~10% auf > 90% zunahm und der summative DP dabei von 150 auf 510 anstieg. Bei nativen, nichtabgebauten Zellstoffen konnten dagegen nicht mehr als maximal etwa 50% in Lösung gebracht werden; andererseits lag bei Regeneratfasern die Löslichkeit auch bei höheren Temperaturen von + 30 °C und darüber noch so hoch, daß nur der Bereich zwischen etwa 50 und 90% Gelöstem erfaßt wurde. Auch mit 10% NaOH + 3,9% ZnO ließ sich bei nativen Zellstoffen keine völlige Auflösung erzielen (Maximalwerte < 80%).

Nachdem auf Grund der ungenügenden Lösbarkeit nativer Zellstoffe und auch regenerierter Alkalicellulosen feststand, daß eine über die früher beschriebene „Kurzkettenfraktionierung" [1] wesentlich hinausgehende Kettenlängenfraktionierung mittels Zinkatlauge nur für Celluloseregeneratfasern einigermaßen realisierbar ist und dort praktische Bedeutung als Schnellmethode gewinnen könnte, erwies es sich somit als notwendig, die zweite Möglichkeit, nämlich ein Extrahieren bei konstanter Lösetemperatur, aber mit variablem Zinkatgehalt der Lauge, heranzuziehen. Da die Maximallöslichkeiten in 10% NaOH + 3,9% ZnO und 12% NaOH + 4,9% ZnO sich bei Regeneratfasern kaum unterscheiden, das Maximum im zweiten Falle jedoch bei der für Serienmessungen günstigen Temperatur von 20°C lag und der Löslichkeitsunterschied zwischen „12% NaOH ohne ZnO“ und „12% NaOH + 4,9% ZnO“ viel größer war als bei den entsprechenden 10%igen Laugen, verwendeten wir grundsätzlich 12%ige Natronlaugen abgestuften Zinkatgehaltes zwischen 0 und 4,7% ZnO mit Stufen von jeweils ca. 0,5% ZnO. Als Versuchsmaterial nahmen wir zunächst eine Cordseide, die auf Grund ihres verhältnismäßig hohen Cuoxam-DP von ca. 450 zur Entwicklung der Methodik besonders geeignet erschien. Gelöst und viskosimetriert wurde jeweils bei 20,0°C.

Nachdem Vorversuche gezeigt hatten, daß mit steigendem Zinkatgehalt die η_{spez}/c-Werte der Extraktlaugen um etwa eine Zehnerpotenz anstiegen, also die erwartete Fraktionierwirkung nach der Kettenlänge vorhanden war, und gleichzeitig die gelöste Menge von <10 auf ca. 90% zunahm, wurde zunächst geprüft, inwieweit für Cellulose in 12%iger Natronlauge bei unterschiedlichen Zinkatgehalten die gleiche Viskositäts-Molekulargewichts-Beziehung und die gleiche Viskositäts-Konzentrations-Beziehung verwendet, also das seinerzeit für die Kurzkettenfraktionierung mit 12% NaOH + 2% ZnO aufgestellte Nomogramm zur Umrechnung von η_{spez}/c auf DP hier übernommen und erweitert werden konnte. Durch Verdünnung von Extraktlaugen hohen Zinkat- und Cellulosegehaltes sowohl mit 12%iger Lauge gleicher Zinkatkonzentration wie auch mit 12%iger NaOH ohne Zinkatzusatz wurde festgestellt, daß die reduzierte Viskosität $\eta_{red} = \eta_{spez}/c$ zwischen ca. 5% ZnO und <1% ZnO-Gehalt bei der hier erreichbaren Maßgenauigkeit vom Zinkatgehalt der Lauge unabhängig ist, ebenso wie der Richtungsfaktor der Geraden im η_{red}-c-Diagramm [1], der bis zu DP-Werten von ca. 500 linear weiter ansteigt, so daß es offensichtlich zulässig ist, das seinerzeit veröffentlichte Nomogramm [1] entsprechend Bild 6 zu erweitern.

Zur summativen Lösungsfraktionierung von Celluloseregeneratfasern und Folien kann nach unseren bisherigen Versuchsergebnissen wie folgt verfahren werden: Die entschwefelte Faser wird in kurze Stücke geschnitten und in einer Schlagkreuzmühle zu einem lockeren Faserflaum zerkleinert. Folien werden in Stücke von ca. 3 bis 5 mm Kantenlänge zerschnitten. Je 50,0 ml der Zinkatlaugen (12% NaOH + 0%; 0,5%; 1%; 1,2%; 1,5%; 2%; 2,5%; 3%; 4%; 4,9% ZnO) werden in einem mit Schliffstopfen versehenen Erlenmeyerkolben auf 20,0°C temperiert und dann eine 0,500 g atro ent-entsprechende Einwaage des Cellulosematerials eingetragen. Man verteilt die Probe durch kurzes Umschwenken und läßt dann 1 h bei 20°C stehen. Anschließend wird zentrifugiert und die überstehende Lösung durch eine G 2-Fritte dekantiert.

In 5 ml des Filtrats wird durch Bichromatverbrennung der Cellulosegehalt bestimmt. Zum Viskosimetrieren dient ein *Ubbelohde*-Viskosimeter mit Kapillare I, wobei wiederum bei 20°C gearbeitet wird. Da bei völliger Auflösung der Probe die Cellulosekonzentration in der Extraktlauge 10 g/l betragen würde, empfiehlt sich vor

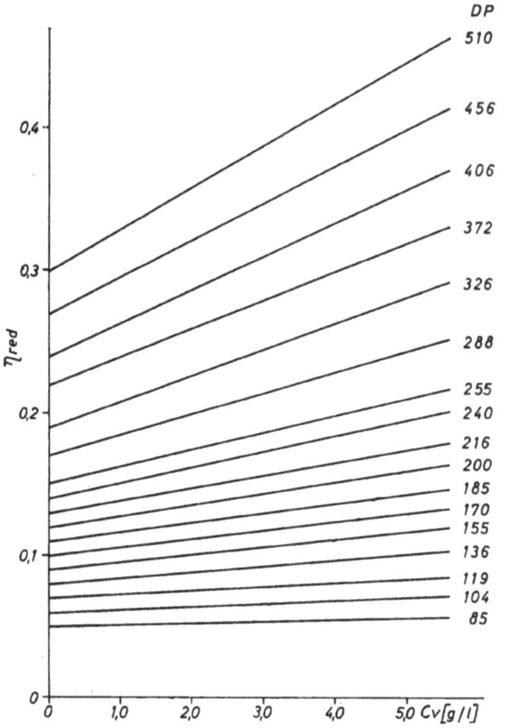

Bild 6. Nomogramm zur Ermittlung von Z_η und DP

dem Viskosimetrieren bei Extraktlaugen höheren Zinkatgehaltes (>1% ZnO) ein Verdünnen mit Zinkatlauge entsprechender Konzentration auf Konzentrationen zwischen 0,5 und 2,0 g/l Cellulose, also nach unseren bisherigen Erfahrungen im Verhältnis 1:5, um mit Hilfe des Nomogramms (Bild 6) die Extrapolation $\lim\limits_{c \to 0} \frac{\eta_{spez}}{c} = Z_\eta$ zuverlässig durchzuführen zu können. Aus den summativen DP- und Konzentrationswerten wird in der bereits beschriebenen Weise [1] Mengenanteil und Polymerisationsgrad für jede Fraktion ermittelt und das Ergebnis in Form einer integralen Verteilungskurve bzw. eines differentiellen Kettenlängenhistogramms dargestellt (vgl. Bild 7 als Beispiel).

Bild 7 zeigt anhand von Parallelfraktionierungen einer Cordseide die verhältnismäßig gute Reproduzierbarkeit der Zinkatlösungsfraktionierung, wie auch die befriedigende Übereinstimmung mit einer Nitratfällungsfraktionierung hinsichtlich des Verlaufs der integralen Verteilungskurve. Gegenüber der von verschiedener Seite vorgeschlagenen Fällungsfraktionierung der Cellulose aus alkalischen Lösungsmitteln wie EWNN [6] und Cadoxen [7, 8] sehen wir einen arbeitstechnischen Vorteil unserer Methodik in dem Wegfall des zeitraubenden Isolierens und Auswaschens einzelner Fraktionen. Die Bestimmung von Viskosität und Menge der gelösten Cellulose unmittelbar in der Extraktionslauge ist leider mit an sich noch geeigneteren Lösungsmitteln (EWNN, Cadoxen, Cuen) nicht möglich, da die Anwesenheit von Äthylendiamin bzw. Tartrat eine Naßverbrennung ausschließt. Die Nachteile jeder extraktiven Lösungsfraktionierung, also die gegenüber einer Fällungsfraktionierung schlechtere Trennwirkung und ein gegebenenfalls vorhandener Aczessibilitätseinfluß,

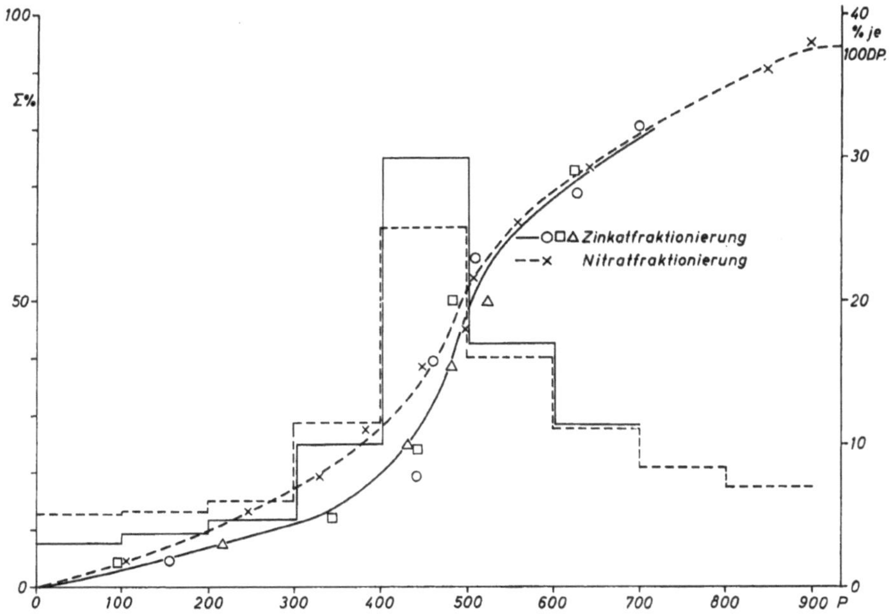

Bild 7. Fraktionierung einer Cordseide

müssen natürlich bei der hier vorgeschlagenen Methode ebenfalls in Betracht gezogen werden und bestimmen zugleich die Grenzen ihrer Anwendbarkeit, nämlich eine grundsätzliche Beschränkung auf Regeneratcellulosefasern und -Folien. Hier treten infolge hoher Akzessibilität die genannten Faktoren so weit zurück, daß durch stufenweise Extraktion eine rasche, überschlägige Beurteilung der Kettenlängenverteilung ermöglicht wird mit einem nur wenig größeren Zeitaufwand, als er sonst zur Bestimmung einer Serie von Alkalilöslichkeiten erforderlich ist.

Literatur

[1] *Keil, A.*, *Philipp, B.*, und *Jakob, R.*, Untersuchungen zum Zusammenhang zwischen Alkalilöslichkeit und Kurzkettengehalt nativer und regenerierter Cellulosen. Faserforsch. u. Textiltechn. **12** (1961) S. 94—105.

[2] *Davidson, G. F.*, The Dissolution of Chemically Modified Cotton Cellulose in Alkaline Solutions.

Part I: In Solutions of Sodium Hydroxide, Particularly at Temperatures Below the Normal. J. Textile Inst. **25** (1934) S. T 174—T 196.

Part II: A Comparison of the Solvent Action of Solutions of Lithium, Sodium, Potassium, and Tetramethylammonium Hydroxides. J. Textile Inst. **27** (1936) S. T. 112—T 130.

Part III: In Solutions of Sodium and Potassium Hydroxide Containing Dissolved Zinc, Beryllium and Aluminium Oxides. J. Textile Inst. **28** (1937) S. T. 27—T 44.

[3] *Kebl, F.*, und *Kudlacek, W.*, Einfluß des Durchschnittspolymerisationsgrades auf die Löslichkeit der Cellulose in alkalischer Lösung von Natriumzinkat als Medium. Chem. Prûm., Prag **10** (1960) S. 161—164.

[4] *Schwarzkopf, O.*, Zur Kenntnis der Alkalicellulose I. (Ein Beispiel für die Bestimmung der Verteilung bei Gelreaktionen) Z. Elektrochemie **38** (1932) S. 353—358.

[5] *Höppner, Th.*, *Jayme, G.*, und *Ulrich, J. C.*, Bestimmung des Wasserrückhaltevermögens (Quellwertes) von Zellstoffen. Papier **9** (1955) S. 476—482.

[6] *Jayme, G.*, *Kleppe, P.*, und *Künschner, A.*, Ein neues Verfahren zur summativen Fraktionierung von in EWNN gelöster Cellulose durch fraktionierende Auflösung nach Fällung mit Natronlauge. Makromol. Chemie **48** (1961) S. 144—159.

[7] *Jayme, G.*, und *Kleppe, P.*, Über die Verwendung von Cadoxen zur Bestimmung der Grenzviskosität (des DP) und der Kettenlängenverteilung von Cellulosen. Papier **15** (1961) S. 6—10.

[8] *Bolotnikova, L. S.*, *Danilov, S. N.*, und *Samsonova, T. I.*, Über die Fraktionierung von Cellulose. Ž. prikl. Chimii (Z. Angew. Chemie) **34** (1961) S. 2578—2579.

Eingegangen am 25. März 1964

Beitrag zur Fadenbildung technischer Cordfäden

Manfred Stübner und Jürgen George[1])
VEB Sächsisches Kunstseidenwerk „Siegfried Rädel", Pirna

DK 677.463.061.71:677.062
677.463.021.5:539.216.1:546.47

Zum qualitativen und quantitativen Nachweis von Zink im Faserquerschnitt technischer Supercordfäden wird mittels spezieller Indikatoren festgestellt, daß die Zinkionen des Fällbades kurz hinter der Düse in das Viskosesol eindringen und über den gesamten Gelfaserquerschnitt verteilt sind. Sie bilden mit dem Nebenprodukt-Schwefel ZnS. Durch partielle Zersetzung der Gelfäden konnte eine stöchiometrische Beziehung zwischen gebundenem H_2S und Zink ermittelt werden. Ferner steht ein Zinküberschuß zur Bildung von 30 bis 50% Zinkcellulosexanthogenat zur Verfügung. Die Ergebnisse sprechen für eine intermediäre Zinkcellulosexanthogenatbildung in technischen Supercordfäden.

К вопросу о процессе нитеобразования технических кордных нитей

С целью качественного и количественного доказательства наличия цинка по всему сечению технических суперкордных нитей были применены специальные индикаторы. При этом было установлено, что находящиеся в осадительной ванне ионы цинка проникают в золь вискозы непосредственно после его выхода из фильеры и распределяются по всему сечению гелеобразной нити, образуя с серой побочных продуктов сернистый цинк. Методом частичного разложения гелеобразных нитей удалось установить стехиометрическую зависимость между содержанием связанного сероводорода и цинка. Далее в волокне содержится избыток цинка, достаточный для образования 30—50% цинковой соли ксантогената целлюлозы. Полученные данные свидетельствуют об образовании цинковой соли ксантогената целлюлозы в качестве промежуточного продукта при формовании технических суперкордных нитей.

Contribution to the Study of Formation of Technical Cord Filaments

With the aim of qualitative and quantitative determination of zinc in the cross section of technical supercord filaments, it has been proved by means of special indicators that the zinc ions contained in the coagulation bath penetrate into the viscose sol shortly after the spinneret and are distributed over the entire cross section of the fibre. They react with the evolved sulfur to form ZnS. The stoichiometric ratio between bonded H_2S and zinc could be estimated by partial decomposition of gel filaments. Further, an excess of zinc is present causing the formation of 30—50% zinc cellulose xanthate. The results suggest intermediary formation of zinc cellulose xanthate in technical supercord filaments.

1 Einleitung

Eine exakte Abstimmung chemischer und technologischer Parameter bei der Herstellung hochfester Cordseide nach modernen Technologien erfordert ein gründliches Studium der Fadenbildung während der Gelphase. Dabei sind die spezifischen Wirkungen der jeweiligen Modifikatorgattungen sowie des Zinksulfates im Spinnbad von besonderem Interesse. Eine Anzahl von Publikationen hat sich bisher mit diesen Problemen befaßt. Dennoch bestehen noch sehr geteilte Meinungen darüber, Tabelle 1 enthält hierzu eine Ergänzung der in [1] erschienenen Literaturübersicht.

Unsere Untersuchungen befaßten sich mit Fragen der Zinkdiffusion, zumal der relativ hohe Materialeinsatz von besonderem ökonomischem Interesse ist. Dabei galt es zu klären, ob und in welcher Weise die Zinkionen in den Kapillarfaserquerschnitt eindiffundieren, welche Faktoren diese Wechselwirkung maßgeblich beeinflussen und welche spezifischen Veränderungen der Makro- und Mikrostruktur damit verbunden sind.

Die vorliegende Arbeit soll zunächst unsere Ergebnisse auf dem Gebiet der Nachweisreaktionen, des Einflusses des Fasertiters auf die Diffusion sowie der spezifischen Wirkungen des Zinks bei hoher Konzentration im Spinnbad vermitteln.

2 Experimentelle Untersuchungen

2.1 Nachweis von Zinkionen bzw. Zinkverbindungen

2.1.1 Nachweisreaktionen mittels Farbindikatoren

Da der Nachweis von Zinkionen bzw. Verbindungen mit Dithizon oft nicht eindeutig und sehr störanfällig ist, haben wir die Indikatoren Zinkon und Brenzkatechinviolett auf ihre Eignung untersucht.

Beide Indikatoren ergeben mit Zinkionen sowie einigen Zinkverbindungen eine intensive Blaufärbung bei pH 9,0 bis 9,2.

Brenzkatechinviolett

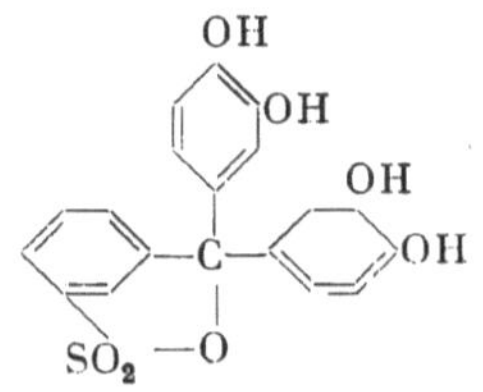

(Brenzkatechinsulfophthalein)

wurde in Form einer 0,2%igen wässrigen Lösung verwendet.

Die Zinkonlösung

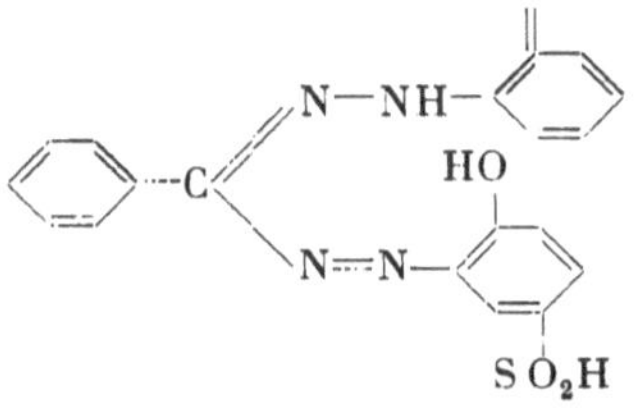

wurde aus 0,13 g 2-Carboxy-2'-hydroxy-5'-sulfofarmazylbenzol bzw. o-[2-(a-/2-hydroxy-5-sulfophenylazo/-benzyliden)-hydrazin)-benzoesäure, 2 ml 1 n NaOH, aufgefüllt auf 100 l mit destilliertem Wasser, hergestellt (s. auch Prospekt „Zinkon", Chemapol 1962).

Bei Anwendung von Zinkon besteht der Nachteil, daß der Zink-Zinkon-Komplex wasserlöslich ist. Als Pufferlösungen

[1]) Zum Teil Inhalt der noch nicht abgeschlossenen Dissertation von *J. George*, Physikalisch-Chemisches Institut der Karl-Marx-Universität Leipzig, Institutsdirektor: Prof. Dr. *Geiseler.*

Tabelle 1. Literaturübersicht (Ergänzung)

Publikationen	Inhalt in Kurzform
Van de Ven, A. M., Faserforsch. u. Textiltechn. **13** (1962) 6, S. 262—264	Bei geringer H_2SO_4-Konzentration (1,1 n) wird durch $ZnSO_4$ eine wesentliche Zersetzungsverzögerung bewirkt. Durch Pufferlösungen Ionenaustausch möglich. Zinkcellulosexanthogenat zwischen 15 und 30%, modifiziert weniger als unmodifiziert.
Vermaas, D., Textil Res. J. **32** (1962) 5, S. 353—363	Beim Spinnen mit $ZnSO_4$-haltigen Bädern wird polarisationsoptisch das Auftreten eines Bezirkes beobachtet, der mit dem Mantelbereich identisch sein dürfte. In diesem Bereich wird eine Zinkcellulosexanthogenatbildung angenommen.
Oka, E., und *Yokouchi, R.*, J. Soc. Textile Cellulose Ind. Japan **11** (1955) S. 308—316	Bei nachträglicher Umwandlung von Ammoniumcellulosexanthogenat in Zn-Cell.-Xa. wurde polarographisch ermittelt: Geschwindigkeit der Zn^{++}-Diffusion ist dem Faserdurchmesser umgekehrt proportional
Cichoswki, Z., Faserforsch. u. Textiltechn. **13** (1962) 9, S. 393—396	Spinnversuche mit unterschiedlicher Zn-Konzentration ergaben eindeutige Zersetzungsverzögerung, desgl. Na^+-Xanthogenatfäden, die in sauren Pufferlösungen mit Zn-Lösungen unterschiedlicher Konzentration behandelt wurden
Klare, H., *Gröbe, A.*, *Jost, H.*, und *Maron, R.*, Faserforsch. u. Textiltechn. **13** (1962) 8, S. 379—380	Spinnversuche mit markierten $^{69}Zn^{2+}$-Ionen ergaben nur Schwärzung der Randzone. Faserdurchmesser jedoch ca. 1 mm.
Mann, G., und *Gröbe, A.*, Faserforsch. u. Textiltechn. **13** (1962) 8, S. 347—352	Die Flockung einer 0,05%igen Na-Cell-Xanthogenatlösung mit $ZnSO_4$ ergab im Vergleich zu NH_4^+- bzw. Mg^{++} und Na^+-Ionen ein um 2 Zehnerpotenzen höheres Koagulationsvermögen. Modifikatoren ergaben unterschiedliches Koagulationsvermögen.
Abramova, E. A., und *Bufetčikova, O.*, Ž. prikl. Chim. (Z. angew. Chemie) **34** (1961) 2, S. 416—423	Die Zugänglichkeit (Löslichkeit) bei der Äthanolyse steigt mit steigender $ZnSO_4$-Konzentration.
Abramova, E. A., *Tučkov, B. S.*, und *Fedorova, E. B.*, Ž. prikl. Chim. 34 (1961) 11, S. 2516—2524	EM-Untersuchungen ergaben zunehmende Ordnung der Fibrillenbündel mit zunehmender $ZnSO_4$-Konzentration zu membranähnlicher Dichte.
Abramova, E. A., *Bufetčikova, V.*, und *Nikitina, N. P.*, Ž. prikl. Chim. **34** (1961) 12, S. 2746—2754 s. a. *Schmiedeknecht, H.*, und *Klare, H.*, Faserforsch. u. Textiltechn. **14** (1963) 6, S. 219—227	Mit zunehmender $ZnSO_4$-Konzentration sinkt der Quellungsgrad bis zu einem Optimum von 90 g/l $ZnSO_4$.
Takizawa, J. Soc. Textile Cellulose Ind. Japan **17** (1961) 1, S. 31—43	Mit steigendem Titer nimmt die Zn-Cell-Xanthogenatbildungsgeschwindigkeit in Richtung zum Fasermittelpunkt ab, mit zunehmender $ZnSO_4$-Konzentration zu.
Centola, G., *Melliand* Textilber. **44** (1963) 6, S. 551 bis 556 (x) s. a. *Cumberbirch* u. a. J. Textile Inst. **52** (1961) 7, S. T 330—T 350	Modifizierungsmittel wirken nur in Gegenwart von $ZnSO_4$ zersetzungsverzögernd (x) Durch intermediäre Aminxanthogenatbildung kann sich eine aus Cellulose II und IV gemischte Kristallitstruktur ausbilden, die für bessere physikalische Eigenschaften verantwortlich sein kann.
Holzapfel, W., Dissertation, TH Aachen 1961	Zn-Cell-Xanthogenat ist bis pH 2 herstellbar. CHA erniedrigt die Grenzflächenspannung. Es bildet sich eine diffusionssteuernde Membran. Die starke Entquellung kann auch durch Anlagerung von $Zn(OH)_2$ an die Cellulose bewirkt werden.
Kalafut, St., und *Fogltanc, M.*, Chem. Vlakna, Praha (Chem. Fasern) **12** (1962) 1, S. 20—36	Die Modifikatoren bilden an der Grenzfläche alkalisch/sauer Dispersionen unterschiedlicher Teilchengröße, die die Diffusion der Ionen steuern. Modifikatoren wirken nur in Gegenwart von Zink, während Zink auch allein eine Entquellung und Neutralisationsverzögerung ergibt.
Ševčenko, A. S., *Konkin, A. A.*, und *Serkov, A. T.*, Chim. Volokna (Chem. Fasern) **3** (1961) 2, S. 29—33	Aus Modellversuchen mit Polyäthylenglycol als Modifikator wird gefolgert, daß Na^+-Ionen über den gesamten Faserquerschnitt gegen Zn^{++}-Ionen ausgetauscht werden.
Witkamp, J. G., und *Saxton, W. R.*, Tappi, New York **45** (1962) 8, S. 650—654	Cellulose-Membrane enthält Zn-Xanthogenat, welches durch den Modifikator stabilisiert wird. Modifiziert weniger, unmodifiziert mehr Zn-Cell-Xanthogenat gefunden.

Tabelle 2. Farbreaktionen mit Ammoniumpuffer und Boratpuffer. Indikatoren: Zinkon und Brenzkatechinviolett (BKV)

Material	Ammoniumpuffer BKV	Ammoniumpuffer Zinkon	Boratpuffer BKV	Boratpuffer Zinkon	Bemerkung
Zn^{++}	dunkelblaue Lösung	azurblaue Lösung	blauer Niederschlag*	azurblaue Lösung Niederschlag weiß*	* Niederschlag ist wahrscheinlich $Zn(OH)_2$
Mg^{++}	blaugrüne Lösung	orange Lösung	rotviolette Lösung	orange Lösung	
Ca^{++}	rotviolette Lösung	orange Lösung	weinrote Lösung	orange Lösung	
Pb^{++}	hellblauer Niederschlag	rosa Lösung weißer Niederschlag	hellblauer Niederschlag	violette Lösung	
Fe^{+++}	moosgrüner Niederschlag	rosa Lösung oranger Niederschlag	moosgrüner Niederschlag	orange Lösung	
Fe^{++}	blaugrüner Niederschlag	graublauer Niederschlag	graublauer Niederschlag	hellblauer Niederschlag	
ZnS (auch gealtert)	violette Lösung blauer Niederschlag	orange Lösung weißer Niederschlag	rote Lösung blauer Niederschlag	orange Lösung weißer Niederschlag	
S elementar	—	—	—	—	
Zn-Cell.-Xanthogenat	violette Lösung weißes bis hellblaues ZnXa.	orange Lösung weißes ZnXa.*	weinrote Lösung blaues ZnXa	blaue Lösung** blaues ZnXa	* Bei H_2O-Zugabe färbt sich die Lösung allmählich blau. Wahrscheinlich werden Zn-Ionen frei. ** Mit der Zeit wird die Färbung der Lösung intensiver, da der Zn-Zinkon-Komplex wasserlöslich.
$ZnCS_3$ ungereinigt	hellblaues $ZnCS_3$	orange Lösung*	rotbraune Lösung*	hellbraune Lösung	* $ZnCS_3$ bleibt gelb.
Na_2S	blaue Lösung	orange Lösung	rote Lösung	orange Lösung	
Na-Cell.-Xanthogenat	hellviolette Lösung, weißes NaXa	orange Lösung weißes NaXa	hellrote Lösung, NaXa nimmt Farbe d. Lösg. an	orange Lösung weißes NaXa	
—	rotviolette Lösung	orange Lösung	rote Lösung	orange Lösung	Nur Puffer und Indikator
$Zn(OH)_2$	tiefblaue Lösung	violette Lösung*	violette Lösung blauer Niederschlag	blaue Lösung** hellblauer Niederschlag	* Am Anfang blau, entfärbt sich immer mehr. ** Lösung wird intensiv blau, Niederschlag wird heller — Zn-Zinkon-Verbindung geht in Lösung

haben wir sowohl Borat- als auch Ammoniumpuffer verwendet, die auf pH 9,0 bis 9,2 eingestellt waren.

Für die Zinknachweise in Faserquerschnitten wurden Korkschnitte hergestellt. Bei der mikroskopischen Untersuchung wurde so verfahren, daß die Schnitte erst einige Minuten mit der Indikatorlösung getränkt wurden. Nach Absaugen der überschüssigen Lösung mittels Filtrierpapier wurde mehrmals kurzzeitig mit der Pufferlösung behandelt. Letztere wurde dann gleichzeitig als Immersionsmittel verwendet. Die Farbreaktionen wurden mikrophotographisch festgehalten.

2.1.2 Störende Kationen und isolierte Zinkverbindungen

Kationen und Verbindungen, die während der Fadenbildung auftreten können, wurden, soweit sie isolierbar waren, auf ihre Reaktion mit den o. g. Indikatoren in gepuffertem Medium geprüft. Die Ergebnisse sind aus Tabelle 2 zu entnehmen. Den Zinknachweis stören können Blei- bzw. Eisen (II)-Ionen. Deren Färbung ist jedoch hell-blaugrau und deutlich von der tiefblauen Färbung der Zink-Indikatorkomplexe verschieden. Durch Anwendung beider Indikatoren und Puffer kann Blei als störendes Kation ausscheiden. Ferner können die Spinnversuche so durchgeführt werden, daß Bleiverbindungen von vornherein ferngehalten werden.

Aus Tabelle 2 geht weiterhin hervor, daß sowohl ZnS, Zn-Cellulose-Xanthogenat, als auch Zn $(OH)_2$, die gesondert dargestellt wurden, ähnlich reagieren, wie die Zn^{++}-Ionen. Beim Nachweis auf den Faserquerschnitt bleibt also offen, welche Verbindungen des Zinks die Zinkionen geliefert haben.

2.1.3 Nachweis von ZnS mittels Bi $(NO_3)_3$.

Die teilweise regenerierten Gelfäden wurden 2 h in 5%-iger Essigsäure, die mit Natriumazetat auf pH 3,5 gepuffert war, gekocht, um das Restxanthogenat vorsichtig zu zersetzen, ohne das ZnS dabei zu lösen. Anschließend wurden die Proben neutral gewaschen und 4 h mit 15 g/l Na_2SO_3, 1:20, bei 70 °C entschwefelt. Danach wurden 4 h gewaschen. Dann wurden die Strängchen mit schwach salpetersaurer Bi $(NO_3)_3$-Lösung einige Minuten getränkt, wobei sich das ZnS zu Bi_2S_3 umlagert, da das Löslichkeitsprodukt von Bi_2S_3 [$L = 1{,}6 \cdot 10^{-72}$] wesentlich kleiner ist, als das des ZnS [$L = 8 \cdot 10^{-26}$].

Je nach dem Zinksulfid-Gehalt der Proben bildet sich eine mehr oder weniger intensive Braunfärbung aus, deren Verteilung über den Faserquerschnitt an Korkschnitten gut beobachtet werden kann.

Tabelle 3. Spinnversuche mit und ohne Zink im Spinnbad sowie mit verschiedenem Titer

Versuch-Nr.	Versuch Nr.	Technologische Bedingungen				Viskosezusammensetzung		Viskosezusätze auf α-Cell.	Badzusammensetzung				Badtemperatur
		Verzug	Abzug [m/min]	Fördermenge [ml/min]	Düse	Cell. [%]	NaOH [%]	[%]	H_2SO_4 [g/l] [val/l]	Na_2SO_4 [g/l] [val/l]	$ZnSO_4$ [g/l] [val/l]	Gesamtsalznormalität [val/l]	[°C]
I.	I./1—3 ohne Zink	0,8	22	100	1000 Loch/ 60 μm	7,22	5,87	2,5 Oxydwachs AN	71,05	205,3	0		
								0,5 Berol Spin 632	1,45	2,89	0	2,89	58
II.	II./1—3 mit Zink	0,8	22	100	1000 Loch/ 60 μm	7,66	6,03	2,5 Oxydwachs AN	90,16	146,5	99,11	3,29	
								0,5 Berol Spin 632	1,84	2,06	1,23		54
III.	III./1—2 mit Zink Titerversuch	0,8	22	48	600 Loch/ 90 μm	7,67	5,97	2,5 Oxydwachs AN	85,26	138,9	103,9		
								0,5 Berol Spin 632	1,74	1,95	1,28	3,23	55
IV.	mit Zink Titerversuch	0,8	10	2,44	1 Loch/ 500 μm	7,64	5,93	2,5 Oxydwachs AN	75,95	128,7	91,75		
								0,5 Berol Spin 632	1,55	1,81	1,14	2,95	55,5
V.	mit Zink Titerversuch	—	—	11,9	1 Loch/ 1100 μm	7,64	5,93	2,5 Oxydwachs AN	75,95	128,7	91,75		
								0,5 Berol Spin 632	1,55	1,81	1,14	2,95	55

Tabelle 4. Analysenwerte

Versuch Nr.	Badstrecke/ Luftstrecke [cm]	Gammawert	H_2S [%]	Zn gebunden [%]	Zn gesamt [%]	Zn als ZnS [%]	Zn-Xanthat [%]	mole CS_2/100 mole Cell., gebunden an Zn	Quellwert [%]	DS-Punkt [cm]	Löslichkeit in H_2O	Querschnittfläche [mm^2]
1	2	3	4	5	6	7	8	9	10	11	12	13
I./1	8/20	13,88	in Spuren	0	0	0	0	0	318,0	8	gleichmäßige Quellung	0,175
I./2	30/20	3,59							305,0			
I./3	80/20	2,77							310,0			
II./1	45/0	31,47	0,995	1,78	3,78	55,6	12,39	3,9	229,0	22	gleichmäßige Quellung	0,248
II./2	60/0	26,44	0,845	1,80	3,48	46,67	17,85		228,0			
II./3	163/0	6,81	0,35	0,84	1,59	41,4	35,54	2,42	148,0			
III./1	4/35	33,06	1,33	3,67	—	36,24	35,09	1,16	425,0	16	starke bauchige Quellung	0,39
III./2	100/35	4,05	0,525	1,02	—	51,37	60,74	2,46	122,9			
IV.	155/20	41,05	0,842	1,21	—	69,42	4,43	1,82	—	150	gleichmäßige Quellung	0,81
V.	155/20	wurde nicht gemessen							—	150	gleichmäßige Quellung	4,28

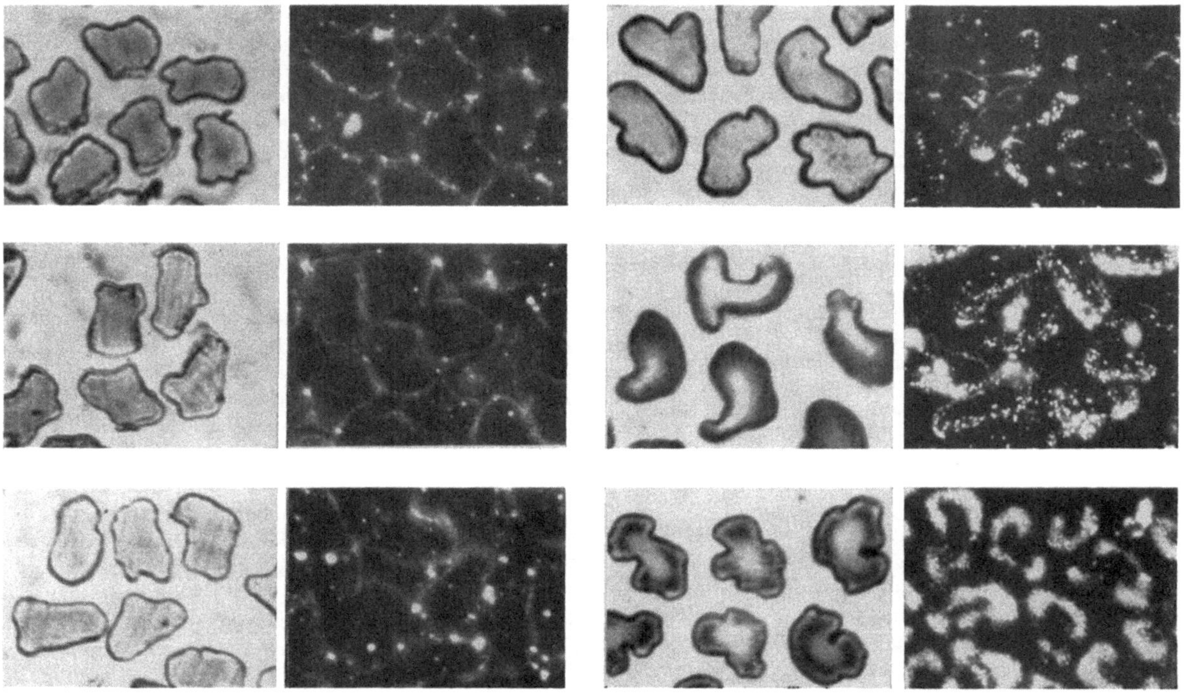

Bild 1. Kern-Mantel- und Dunkelfeldaufnahmen. Vergrößerung: 480-fach.

links: ohne Zink (60 μm-Düse)
von oben nach unten: Gammawert 13,9
3,6
2,8

rechts: mit Zink (60 μm-Düse)
von oben nach unten: Gammawert 31,5
26,4
6,8

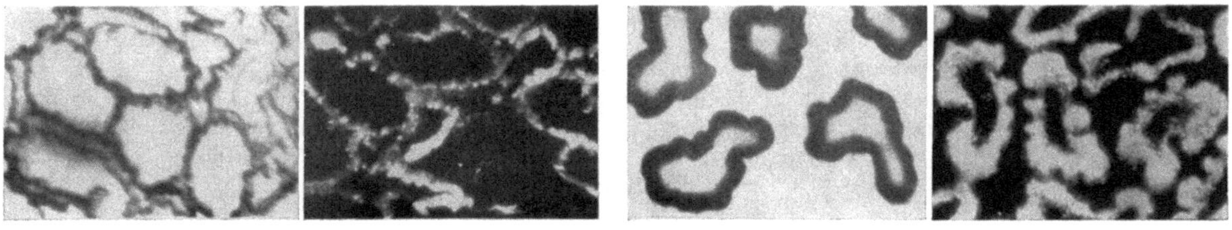

Bild 2. Kern-Mantel- und Dunkelfeldaufnahmen. Vergrößerung: 480fach.

links: mit Zink (90 μm-Düse) Gammawert 33,1
rechts: mit Zink (90 μm-Düse) Gammawert 4,1

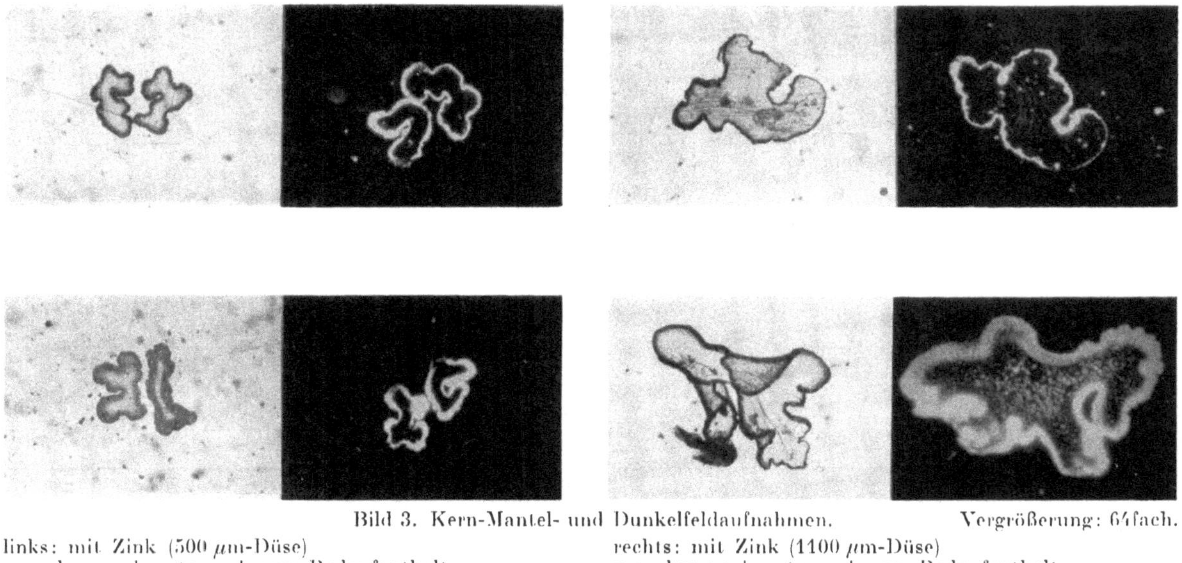

Bild 3. Kern-Mantel- und Dunkelfeldaufnahmen. Vergrößerung: 64fach.

links: mit Zink (500 μm-Düse)
von oben nach unten: kurzer Badaufenthalt
langer Badaufenthalt

rechts: mit Zink (1100 μm-Düse)
von oben nach unten: kurzer Badaufenthalt
langer Badaufenthalt

2.2 Spinnversuche

Es wurden Spinnversuche mit zinkfreien und zinkhaltigen Bädern durchgeführt, wobei die Gesamtsalznormalität mit Natriumsulfat etwa ausgeglichen wurde. Die Versuche mit zinkhaltigen Bädern wurden gleichzeitig unter Variation des Einzeltiters bei gleichem Verzug durchgeführt, da ein Einfluß des Faserdurchmessers, bzw. der Querschnittsfläche auf die Zinkdiffusion erwartet wurde. Tabelle 3 enthält hierzu die technologischen Daten, Tabelle 4 die analytischen Ergebnisse.

Die Gelfäden wurden bei verschiedenen Badstrecken entnommen, in Eiswasser von ca. 5 °C aufgefangen, anschließend in kaltem Wasser gespült und für die Bestimmung der Zinkverteilung, Kern-Mantel-Anfärbung und Dunkelfeldaufnahmen in Methanol, für die Bestimmung der Gammawerte in gesättigter, kalter Ammoniumsulfatlösung mit 1% Ammoniak, für die Bestimmung des Wasserrückhaltevermögens in Wasser aufbewahrt.

Bei Verwendung von Ammoniumpuffer anstelle von Eiswasser als Stoppmittel erhielten wir hinsichtlich der Zinkdiffusion gleiche Ergebnisse.

3 Ergebnisse

Die Bilder 1 bis 3 enthalten die jeweiligen Kern-Mantel- und Dunkelfeldaufnahmen der Gelfäden. Die Bilder 4 bis 9 enthalten die Farbaufnahmen der Zink- und ZnS-Verteilungen über den Faserquerschnitt. Die aus zinkfreien Bädern ersponnenen Proben blieben sowohl mit Indikator als auch mit Bi $(NO_3)_3$ farblos bzw. zeigten die Eigenfärbung, wie sie zwischen Indikator und Pufferlösung auftritt.

3.1 Diskussion der Ergebnisse

3.1.1 Die Zinkdiffusion

Aus den Bildern 4, 6, 8 geht hervor, daß im Falle technischer Fäden (Düse: 60 μm/1000 Loch) das Zink über den gesamten Kapillarfaserquerschnitt eindringt. Diese von uns mehrfach untersuchte Erscheinung bestätigte sich laufend. Das gleiche gilt für technische Fäden (Düse: 90 μm/600 Loch). Bei stärkerem Titer (500 und 1100 μm) wird die Eindringtiefe des Zinks auf eine mantelähnliche Zone beschränkt.

3.1.2 Reaktionen des Zinks in der Gelfaser

Aus den Bildern 5, 7, 9 geht hervor, daß ein Teil des eingedrungenen Zinks mit dem in der Gelfaser vorhandenen Nebenproduktschwefel ZnS gebildet hat.

Die erhaltenen Zink- und ZnS-Verteilungen über den Faserquerschnitt sind für die jeweiligen Titer etwa identisch, d. h., soweit wie das Zink vorgedrungen ist, bildet sich ZnS. Die Gegenüberstellungen zeigen, daß die Eindringtiefe des Zinks titerabhängig ist. Der Vergleich von gebundenem Zink und H_2S-Gehalt (s. Tabelle 4) zeigt, daß die Gelfasern neben ZnS noch einen beträchtlichen Überschuß an Zink enthalten, der je nach dem Grad der Durchsäuerung sowohl in Form von $Zn(OH)_2$ als auch in Form von Zinkcellulosexanthogenat vorliegen kann.

Das gebundene Zink wurde aus dem Gammawertfiltrat komplexometrisch bestimmt, ebenso das Gesamtzink nach Behandlung der Faser mit H_2SO_4 20%ig, 2 h bei 50 °C. In einem weiteren Versuch wurde überprüft, ob ein stöchiometrisches Verhältnis zwischen dem gebundenen H_2S und gebundenem Zink besteht.

In Tabelle 5 sind die Spinnbedingungen, in Tabelle 6 die Analysenwerte einer partiellen Zersetzung der Gelfäden angegeben. Die Gelfäden wurden in Eiswasser abgenommen, im gleichen Medium gewaschen und aufbewahrt. Vor Bestimmung der Gammawerte wurden keinerlei Puffer- oder Waschlösungen weiter verwendet. Aus Tabelle 6 wird ersichtlich, daß eine Bestimmung der Gammawerte durch Zersetzung der Gelfäden mit Essigsäure grundsätzlich möglich ist. Im Filtrat wird ein beträchtlicher Zinküberschuß (nicht an H_2S gebunden) gefunden. Das vorhandene ZnS wird nur geringfügig oder gar nicht angegriffen. Bei der nachfolgenden Behandlung mit Schwefelsäure wird nur noch das Restxanthogenat erfaßt und das ZnS zersetzt.

In Bild 10 wurden die Zink- und H_2S-Werte der partiellen Zersetzung mit H_2SO_4, ergänzt durch einige Werte aus vorhergehenden Versuchen, gegenübergestellt. Daraus darf man mit Sicherheit auf das Vorliegen eines stöchiometrischen Verhältnisses zwischen Zink und H_2S schließen.

Tabelle 5. Technologische Daten

Badzusammensetzung	Viskosezusammensetzung	Verzug	Abzug	DS-Punkt
d_{40} : 1,269 H_2SO_4 66,64 g/l $ZnSO_4$ 94,41 g/l Na_2SO_4 186,92 g/l Temp. 60° C	NaOH: 5,37% Cellulose: 6,66% E-Zahl: 91,06 Viskosität: 42,3 s Modifikator: 3% Oxydwachs	0,8	22 m/min	ca 200 mm

Tabelle 6. Ergebnisse einer partiellen Zersetzung von Gelfäden

	1. Essigsäure, 5%, pH 3,5 100° C, 2 h					2. Schwefelsäure, 5% 100 °C, 2 h						
Badstrecke [cm]	Zn [%]	Gammawert	H_2S [%]	Zn-Gammawert	[%]	Zn [%]	Restgammawert	H_2S [%]	Zn für ZnS [%]	Zn-Überschuß [%]	Gesamtzink (1 + 2) [%]	Quellwerte [%]
20	3,54	44,3	0,072	16,6	(37,5)	2,56	0,11	1,15	2,21	0,35	6,10	449
40	3,23	39,1	0,046	15,6	(40,0)	2,05	0,12	0,95	2,83	0,22	5,28	334
60	2,56	29,8	0,049	12,2	(41,0)	1,85	0,09	0,90	1,73	0,12	4,41	310
80	2,42	24,2	0,018	11,8	(49,0)	1,69	0,09	0,90	1,73	—	4,11	170

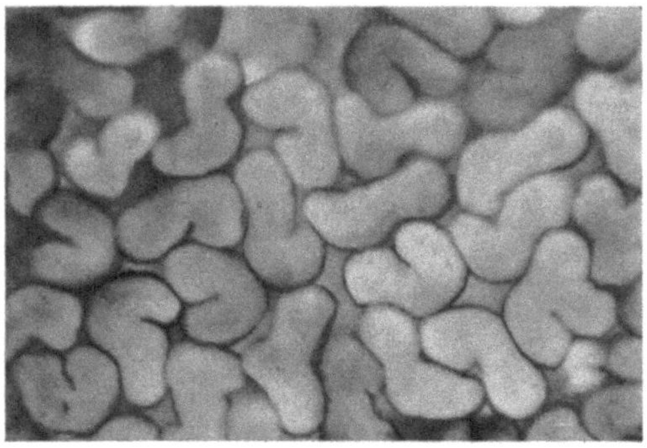

Bild 4. Blaufärbung durch Zink-Brenzkatechinviolett-Komplex für technische Fäden aus zinkhaltigem Bad.
Düse: 60 μm/1000 Loch Vergrößerung: 170fach

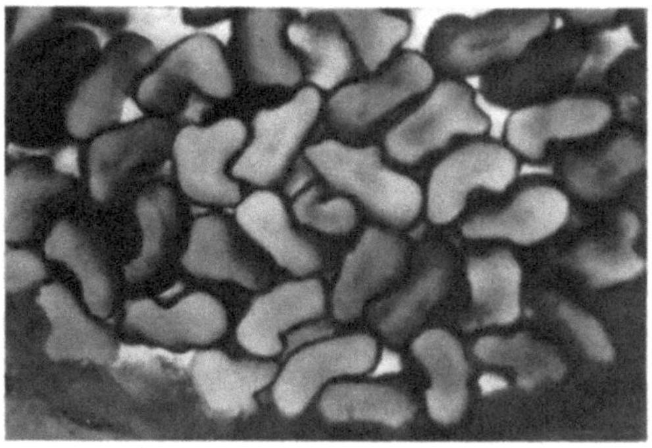

Bild 5. Braunfärbung durch Bi_2S_3 aus Zns für technische Fäden aus zinkhaltigem Bad.
Düse: 60 μm/1000 Loch Vergrößerung: 170fach

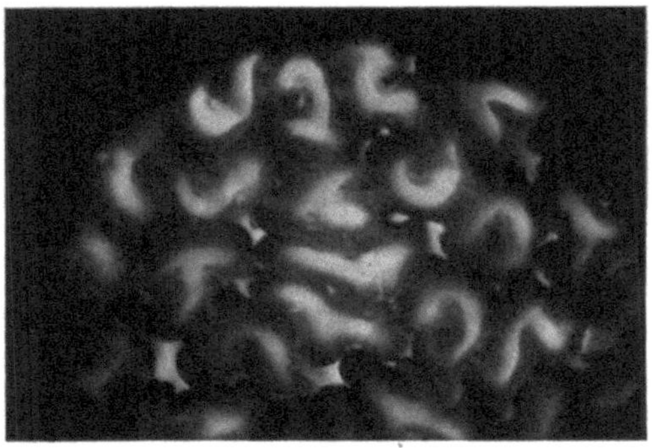

Bild 6. Blaufärbung durch Zink-Brenzkatechinviolett-Komplex für Monofilfäden
Düse: 500 μm/1 Loch Vergrößerung: 68fach

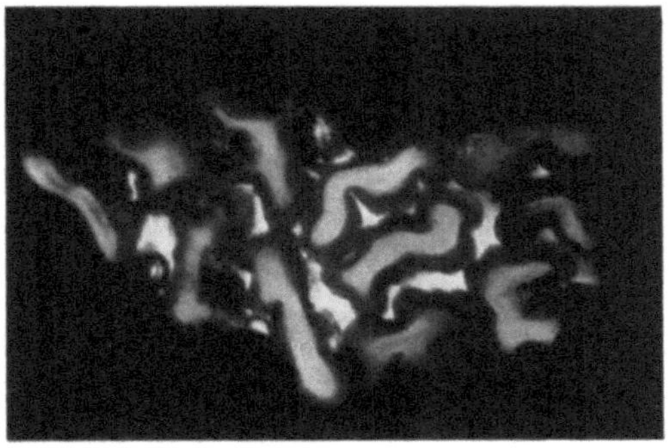

Bild 7. Braunfärbung durch Bi_2S_3 aus Zns für Monofilfäden
Düse: 500 μm/1 Loch Vergrößerung: 68fach

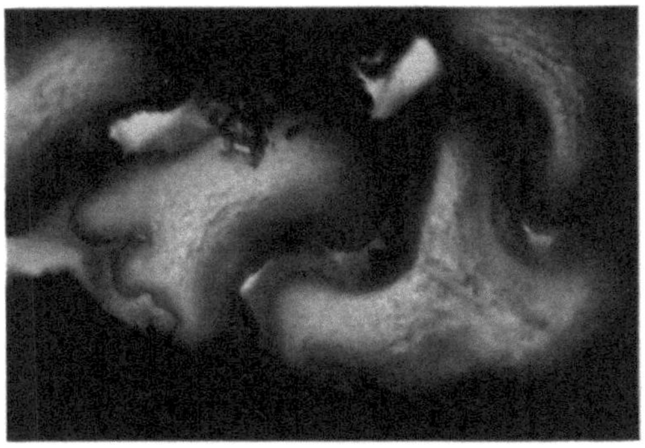

Bild 8. Blaufärbung durch Zink-Brenzkatechinviolett-Komplex für Monofilfäden
Düse: 1100 μm/1 Loch Vergrößerung: 20fach

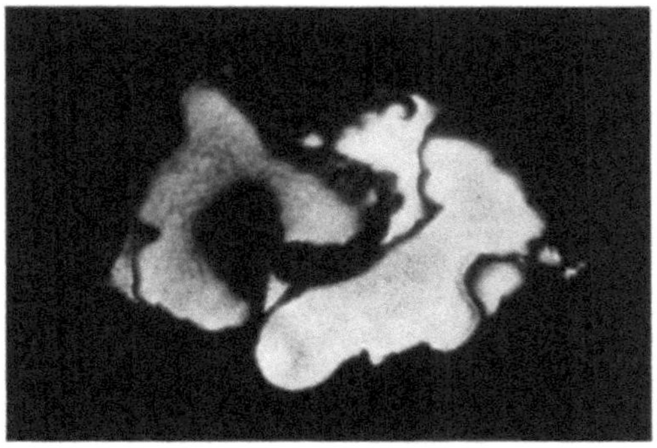

Bild 9. Braunfärbung durch Bi_2S_3 aus Zns für Monofilfäden
Düse: 1100 μm/1 Loch Vergrößerung: 20fach

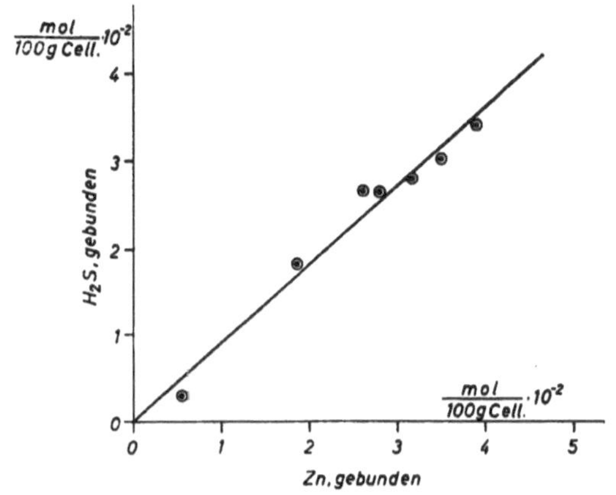

Bild 10. Stöchiometrische Beziehung zwischen gebundenem H_2S und Zink aus partieller Zersetzung mit H_2SO_4 nach vorangehender Zersetzung in verd. Essigsäure.

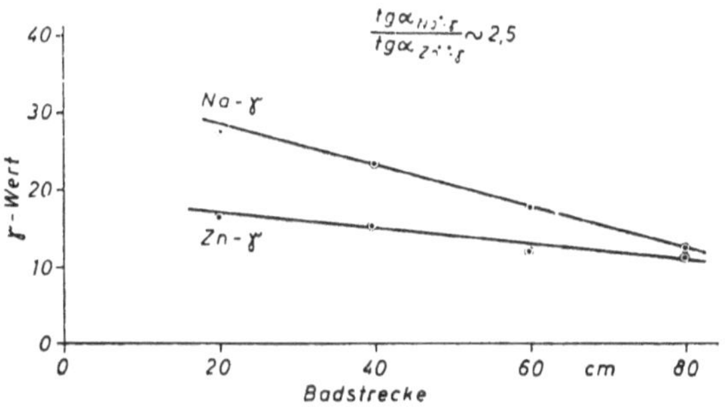

Bild 11. Verhältnis der Reaktionsgeschwindigkeit von Natrium- und Zinkcellulosexanthogenat in teilweise regenerierten Gelfäden.

In Bild 11 wurden die Na- und Zn-Gammawerte aus Tabelle 6 gegenübergestellt. Das Verhältnis der Reaktionsgeschwindigkeiten beträgt etwa 2,5:1. Aus Tabelle 6 geht weiterhin hervor, daß im Falle technischer Supercordfäden beachtliche Mengen Zink von der Faser aufgenommen werden, wobei über das ZnS hinaus ein wesentlicher Überschuß an Zinkverbindungen vorhanden ist, der nun sowohl als Zinkcellulosexanthogenat als auch als $Zn(OH)_2$ in der Faser vorliegen kann. Die Gegenüberstellung in Bild 11 läßt beide Möglichkeiten offen, da ja mit beginnender Durchsäuerung auch eine intermediäre Verbindung des Typs $Zn(OH)_2$-Cellulosexanthogenat möglich erscheint [2].

Eine direkte Bestimmungsmethode für Zinkcellulosexanthogenat existiert für den speziellen Fall teilweise regenerierter Gelfäden leider nicht, so daß die indirekte Bestimmung aus der Zinkdifferenz, also nach Abzug des ZnS-Anteiles, keine eindeutige Aussage darüber gestattet, ob tatsächlich Zinkxanthogenat vorhanden war. Es gibt jedoch einige Anzeichen, die darauf hindeuten. Das ist einmal der fast lineare Verlauf der Zinkgammawerte in Bild 11 und die geringe Zersetzungsgeschwindigkeit im Vergleich zum Natriumcellulosexanthogenat, was sich mit den bisherigen Erkenntnissen aus der Literatur deckt [1—6].

Wenn auch das Verhältnis der Reaktionsgeschwindigkeiten von etwa 2,5:1 (Bild 11) sehr niedrig erscheint [1], so ist hierbei zu bedenken, daß es sich im Falle der teilweise regenerierten Gelfasern wahrscheinlich nicht um reine Na- oder Zn-Cellulosexanthogenate handelt, sondern um Gemische beider Komponenten, die die freie Zugänglichkeit der H^+-Ionen zum Na-Xanthogenat wesentlich behindern können. Weitere Hinweise für eine intermediäre Zn-Cellulosexanthogenatbildung werden im Abschnitt 3.1.4 beschrieben.

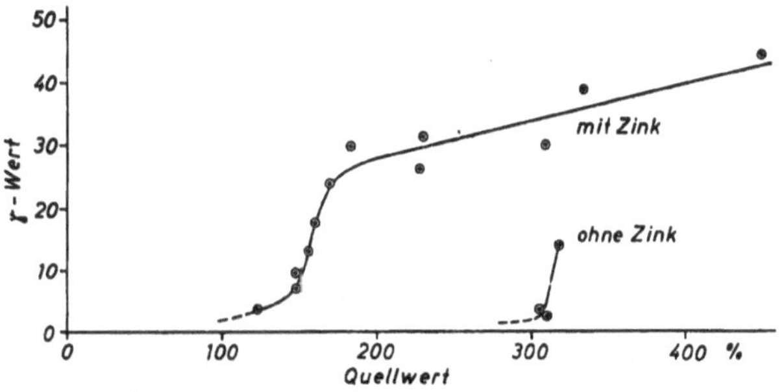

Bild 12. Verlauf des Wasserrückhaltevermögens (*Qw*) technischer Gelfäden aus zinkhaltigen und zinkfreien Bädern in Abhängigkeit vom Gammawert.

3.1.3 Der Zeitpunkt der Zinkdiffusion

Bei allen durchgeführten Versuchen stellten wir fest, daß die Zinkionen bereits vor Erreichung des DS-Punktes in das hochgequollene Viskosesol eindringen, s. hierzu Tabelle 4 (III/1), 5 und 6. Der Zinkgehalt der Gelfäden im Filtrat der Gammawertsbestimmung war stets kurz hinter der Düse am höchsten und nahm mit zunehmender Badstrecke ab. Demnach handelt es sich bei der Diffusion der Zinkionen um einen osmotischen Vorgang zwischen zwei flüssigen Phasen, die lediglich durch die äußerste Randzone der Fasern voneinander getrennt sind.

3.1.4 Strukturelle Auswirkungen

Aus Tabelle 4 geht hervor, daß das Wasserrückhaltevermögen (Quellwert) der Gelfasern durch Gegenwart von Zink im Fällbad wesentlich reduziert wird [7]. Ferner ergibt sich auch gegenüber dem zink-freien Bad (Tabelle 4) eine größere Abhängigkeit von der Badstrecke, was besonders aus Tabelle 6 deutlich wird.

Diese Erscheinung deutet darauf hin, daß die in der Gelfaser schon kurz hinter der Düse im gesamten Faserquerschnitt befindlichen Zinkverbindungen nicht zu einer spontanen Gelentwässerung führen, sondern daß erst mit allmählich fortschreitender Durchsäuerung, d. h. mit fortschreitender intermediärer Zinkcellulosexanthogenatbildung, die Entquellung vor sich geht. In Bild 12 sind diese Vorgänge graphisch gegenübergestellt für Spinnversuche mit zink-haltigen und zinkfreien Bädern. Einen weiteren Hinweis für eine intermediäre Zinkcellulosexanthogenatbildung liefern die Kern-Mantel- und Dunkelfeldaufnahmen (s. Bild 1 bis 4 und 13) in Abhängigkeit vom Gammawert. Für alle Fälle gilt, daß die Vakuolenzone etwa der Mantelzone entspricht.

Während der Versuch ohne Zink zu einer mantellosen Faser führte, ist im Falle der zinkhaltigen Bäder ein Ansteigen der Mantelzone mit wachsender Badstrecke, d. h. mit fallendem Gammawert, festzustellen [8]. Diese allmähliche Zunahme der Mantelzone mit zunehmender Durchsäuerung des Gelfaserquerschnittes in radialer

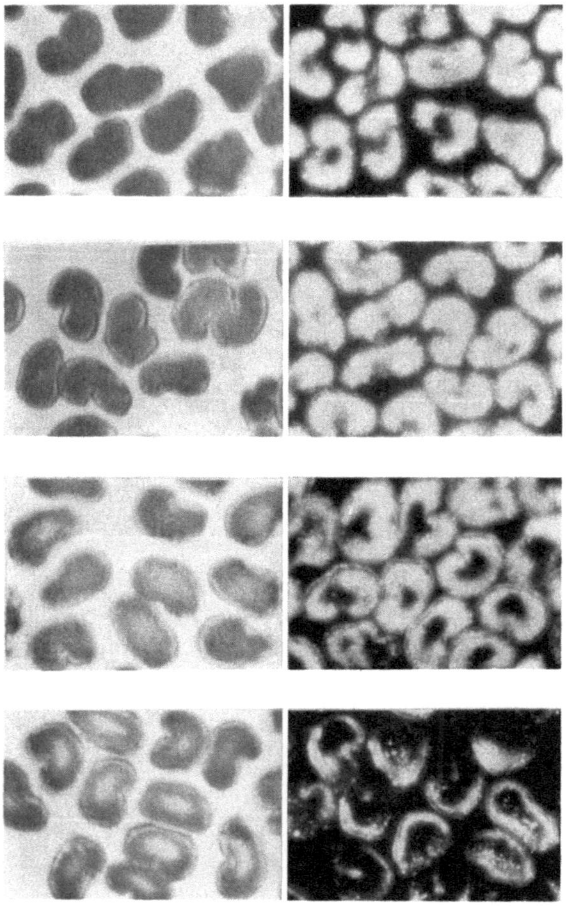

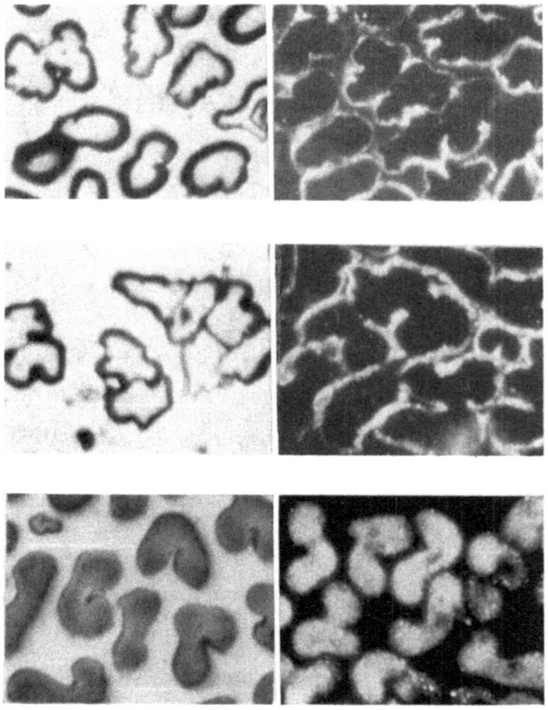

Bild 13. Kern-Mantel- und Dunkelfeldaufnahmen
Vergrößerung: 480fach.

links:		rechts:	
	70 g/l H_2SO_4		69 g/l H_2SO_4
	88 g/l $ZnSO_4$		86 g/l $ZnSO_4$
von oben nach unten:		von oben nach unten:	
Gammawert	41	Gammawert	42
	30		41
	17		13
	9		

Richtung kann nur mit einer zunehmenden Zinkcellulosexanthogenatbildung in gleicher Richtung erklärt werden, da das Zink — wahrscheinlich als $Zn(OH)_2$ — bereits kurz hinter der Düse über den gesamten Querschnitt verteilt ist und demzufolge nicht erklärt werden kann, warum sich nicht in allen Fällen dann auch im Kern Mantelcellulose bildet.

Demnach ist die Frage: Vollmantel- oder Kern-Mantel-Faser abhängig von dem Verhältnis Bildungsgeschwindigkeit zu Zersetzungsgeschwindigkeit des Zinkcellulosexanthogenates. Auf Grund aller o. a. Ergebnisse sind wir der Meinung, daß im Falle technischer Cordfäden alle Voraussetzungen dafür gegeben sind, daß sich intermediär Zinkcellulosexanthogenat bilden kann und daß der Fasermantel eine Folgeerscheinung davon ist.

In Bild 14 wurde versucht, den Fadenbildungsprozeß technischer Fäden schematisch darzustellen, wobei nur die wesentlichsten Vorgänge angeführt wurden. Das Schema ist unvollständig und gibt selbstverständlich keine Auskunft über weitere intermediäre Verbindungen oder über die Wirkungsweise der Modifikatoren.

Es sei noch darauf hingewiesen, daß der Zusammenhang zwischen Mantel- und Vakuolenzone [9, 10] ebenfalls auf eine verzögerte Zinkcellulosexanthogenatzersetzung innerhalb einer stark entquollenen und deshalb stärker fixierten Zone hinweist. Aus diesen Erkenntnissen ergibt sich eine Anzahl neuer Gesichtspunkte. Beispielsweise erscheint nunmehr von Interesse, ob der günstigste Verstreckungszeitpunkt etwa mit dem Gammawert identisch ist, bei dem die Voll-

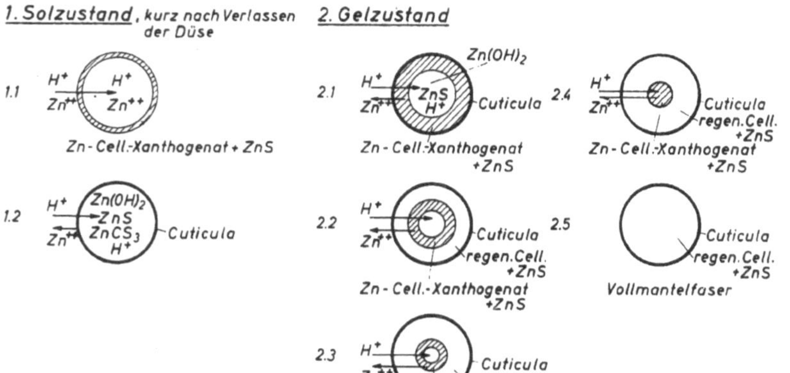

Bild 14. Schema der Fadenbildung technischer Cordfäden (unvollständig).

mantelstruktur eben erreicht wurde. Ferner wird die Frage zu klären sein, wie sich die Zinkkonzentration im Spinnbad auf die Diffusion über den Faserquerschnitt sowie auf das Verhältnis Zinkxanthogenat zu Natriumxanthogenat auswirkt.

Es ist bekannt, daß die Ausbildung der Mantelstruktur über Zinkcellulosexanthogenat nicht allein für eine Festigkeitssteigerung verantwortlich gemacht werden kann, sie wird aber die Voraussetzung dafür darstellen.

Es hat sich immer wieder gezeigt, daß die Homogenisierung der Querschnittsstruktur von größter Bedeutung ist. Das $ZnSO_4$ führt durch seine stark entquellende Wirkung und Neutralisationsverzögerung [11] nach unserem Dafürhalten dann zu einer optimalen Homogenisierung, wenn die Bildungs- und Zersetzungsgeschwindigkeit des Zinkcellulosexanthogenates exakt aufeinander abgestimmt sind, wobei die spezifische Wirkung des angewandten Modifikators und dessen Konzentration berücksichtigt werden müssen.

Über den Einfluß der Konzentration des $ZnSO_4$ im Fällbad auf die Diffusion und die damit verbundenen strukturellen Auswirkungen werden wir später berichten.

Abschließend möchten wir Herrn Dipl.-Chem. Dr. A. *Keil*, Generaldirektor der VVB Chemiefaser und Fotochemie, z. Z. der Durchführung der vorliegenden Arbeit Forschungsleiter im VEB Sächsisches Kunstseidenwerk, „Siegfried Rädel", Pirna, unseren Dank für sein Interesse an dieser Arbeit sowie für die Genehmigung zur Veröffentlichung aussprechen.

Herrn Forschungsleiter *Jacob* danken wir für die guten Anregungen und Hinweise. Frau Dipl.-Chem. *Licht* sowie Fräulein Chemieing. *Füssel* gebührt unser Dank für die Durchführung der Zink-Nachweisreaktionen.

Literatur

[1] *Gröbe, A., Klare, H., Maron, R., Jost, H.,* und *Casperson, G.,* Faserforsch. u. Textiltechn. **13** (1962) 1, S. 1–9.
[2] *Welfers, E.,* Die Mantelbildung an Viskosefasern. Dissertation TH Aachen 1950.
[3] *Archangelskij, D. N., Rogovin, Z. A.,* und *Konkin, A. A.,* Chim. Volokna (Chem. Fasern) **1** (1959) 4, S. 23–26.
[4] *Cichowski, Z.,* Faserforsch. u. Textiltechn. **13** (1962) 9, S. 393–396.
[5] *Witkamp, J. G.,* und *Saxton, W. R.,* Tappi, New York **45** (1962) 8, S. 650–654.
[6] *Zacharow, V. S., Zelencov, J. G.,* und *Pakšver, A. B.,* Chim. Volokna (Chem. Fasern) **2** (1960) 3, S. 28–30.
[7] *Schmiedeknecht, H.,* und *Klare, H.,* Faserforsch. u. Textiltechn. **14** (1963) 6, S. 219–227.
[8] *Zehmisch, E.,* und *Jančařik, V.,* Faserforsch. u. Textiltechn. **13** (1962) 2, S. 62–70; 3, S. 139–146.
[9] *Roseveare, W. E., Waller, R. C.,* und *Wilson, J. N.,* Textile Res. J. **18** (1948) S. 114–123.
[10] *Merchant, M. V.,* Tappi, New York **40** (1957) 9, S. 771 bis 780.
[11] *Kalafut, St.,* und *Fogltanc, M.,* Chem. Vlakna, Praha (Chem. Fasern) **12** (1962) 1, S. 20–36.

Eingegangen am 30. Dezember 1963

Synthese cyclischer Oligamide der ε-Aminocapronsäure über energiereiche Phosphorigsäure-Derivate

Klaus-Dieter Schwenke[1])

Deutsche Akademie der Wissenschaften zu Berlin, Institut für Faserstoff-Forschung in Teltow-Seehof, Abt. Synthetische Fasern aus Polykondensaten

DK 547.466.3:541.64:546.183–325

Die Cyclisierung von Tetra-, Penta-, Hexa- und Okta-ε-aminocapronsäure mit Hilfe energiereicher Phosphorigsäure-Derivate wird beschrieben. Der Einfluß des Lösungsmittels Diäthylphosphit auf die Cyclisierung wurde untersucht. Als Beitrag zur Klärung des Mechanismus der Reaktion zwischen Phosphorigsäure-Reagenz und freien Oligomeren wurden energiereiche Zwischenprodukte monofunktioneller Aminocapronsäure-Derivate erstmalig dargestellt und untersucht. Ihre Bildungsgeschwindigkeit wurde quantitativ durch Leitfähigkeitsmessungen studiert.

Синтез циклических олигамидов ε-аминокапроновой кислоты при помощи богатых энергией производных фосфористой кислоты

Описывается циклизация тетра-, пента-, гекса- и окта-ε-аминокапроновой кислоты при помощи богатых энергией производных фосфористой кислоты. При этом было изучено влияние растворителя (диэтилфосфит) на процесс циклизации. С целью выяснения механизма реакции реактива на основе фосфористой кислоты со свободными олигомерами впервые были получены и узучены богатые энергией промежуточные продукты монофункциональных производных аминокапроновой кислоты. Скорость образования этих продуктов измерялась при применении кондуктометрии.

Synthesis of Cyclic Oligoamides of ε-Aminocaproic Acid on High Energy Phosphorous Acid Derivatives

The cyclisation of tetra-, penta-, hexa-, and octa-ε-aminocaproic acid by high energy phosphorous acid derivatives is described. The effect of diethylphosphite as solvent upon the cyclisation has been investigated. In order to contribute to the elucidation of the mechanism of reaction occuring between phosphorous acid and free oligomers, the high energy intermediates of monofunctional aminocaproic acid derivatives have been prepared and investigated for the first time. Their rates of formation have been studied quantitatively by conductometric measurements.

1 Einleitung

Cyclische Oligomere der ε-Aminocapronsäure wurden erstmalig von *Schlack* [1] in Polycaprolactam-Extrakten aufgefunden. Um ihre Identifizierung haben sich *Hermans* [2, 3], *Rothe* [4, 5] und *Zahn* [6, 7, 8] bemüht. Der papierchromatographische Vergleich mit authentischen, auf dem Wege der eindeutigen Synthese [9, 10, 11] gewonnenen Substanzen trug wesentlich zum endgültigen Konstitutionsbeweis der homologen Cycloamide bei [5].

[1]) Teil der Dissertation *K.-D. Schwenke*, Univ. Halle 1963.

Cyclische Oligomere besitzen als wohldefinierte, endgruppenfreie Modellsubstanzen für Polymere Interesse [12]. Ihre Synthese stellt aber gleichzeitig eine Modellreaktion für die Synthese cyclischer Peptide dar [13, 14].

Die Cyclisierung eines Oligamids erfolgt als intramolekulare Kondensation von Amino- und Carboxylgruppe mit Hilfe peptidchemischer Methoden. Der Ringschluß wird entsprechend dem *Ruggli-Ziegler*schen Verdünnungsprinzip [15] in verdünnter Lösung vorgenommen.

Erste Versuche zur Cyclisierung der Diaminocapronsäure wurden von *Zahn* und *Rexroth* [6] unternommen. Die Aktivierung des linearen Ausgangsproduktes erfolgte an der Carboxylgruppe mit Hilfe von Chlorameisensäureester. Zu befriedigenden Ergebnissen führte jedoch erst die Verwendung energiereicher Ester durch *Rothe* und *Kunitz* [9] und die Aktivierung über Azide durch *Zahn* u. Mitarb. [10, 11]. Während im ersten Fall der Aufbau einer oligomerhomologen Reihe cyclischer Amide bis zum Hexameren gelang, wurden im zweiten Fall auch die höheren Glieder bis zum Nonameren dargestellt. Cyclodiaminocaproyl wurde auch über das Säurechlorid der Diaminocapronsäure gewonnen [13].

Bei den genannten Cyclisierungsmethoden erfolgten Aktivierung und Ringschluß in getrennten Arbeitsgängen. Eine große Vereinfachung bedeutete die Einführung von Reagenzien, die beide Reaktionen in einer Stufe durchzuführen gestatten. Dabei entfällt die Isolierung des empfindlichen Aktivierungsproduktes und die Abspaltung der Aminoschutzgruppe des Zwischenproduktes. Als Ausgangsprodukt dient das freie lineare Oligomere. Geeignete Reagenzien sind Carbodiimide [16], Äthoxyacetylen [17] und Derivate von Säuren des Phosphors [14].

Nachdem *Rothe* u. Mitarb. die Synthese des Cyclodi- [18], Cyclotri- und Cyclotetrameren [14, 19] der ε-Aminocapronsäure sowie die Cyclisierung von Peptiden [20, 14] mit Hilfe energiereicher Phosphor- und Phosphorigsäure-Reagenzien gelungen war, sollte das Verfahren in der vorliegenden Arbeit auf die höheren Oligomeren der ε-Aminocapronsäure ausgedehnt werden. Als Beitrag zum Problem der Aktivierung von Oligamiden mit energiereichen Phosphorigsäurederivaten sollten reaktionsfähige Phosphorigsäureamide und -anhydride monofunktioneller Aminocapronsäurederivate untersucht werden.

2 *Cyclisierung von Oligamiden mit Hilfe energiereicher Phosphorverbindungen*

2.1 Aktivierung in verdünnter Lösung

Als Kondensationsmittel für die Cyclisierung der Oligomeren wählten wir Diäthyläthylenpyrophosphit [21] und Diäthyläthylenpyrophosphit/Imidazol [22]. Beide Reagenzien wurden von *Anderson* in die Peptidchemie eingeführt. Als Lösungsmittel diente Diäthylphosphit [23].

Tetraalkylpyrophosphite zeichnen sich vor anderen Phosphorreagenzien wie Alkylchlorophosphiten [24 bis 26] und P_2O_5 in Diäthylphosphit [27] bei Cyclisierungen durch milde Reaktion aus. Zersetzungsreaktionen unterbleiben weitgehend [20].

Zur Cyclisierung wurden die freien bifunktionellen Oligomeren eingesetzt. Die Aktivierung erfolgte durch Zugabe des Phosphorigsäurereagenz zur verdünnten Lösung des Oligamids in Diäthylphosphit. Entsprechend der Reaktionsfähigkeit der freien Endgruppen können die Oligomeren sowohl an der Amino- als auch an der Carboxylgruppe aktiviert werden (Bild 1).

Imidazol reagiert mit dem Pyrophosphit zu einem Dialkylphosphorigsäureimidazolid [22], das Peptide

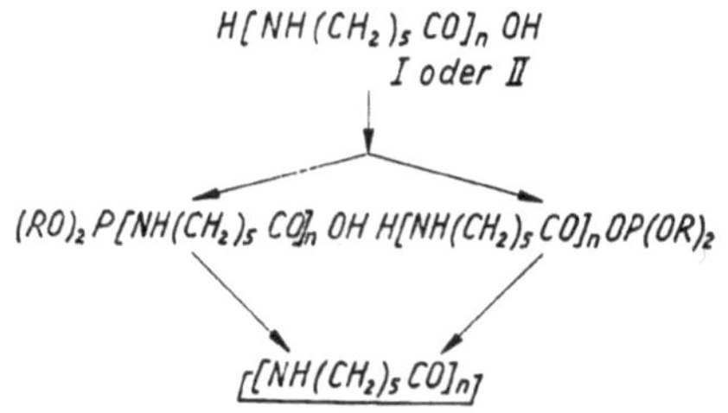

$n = 2, 4, 5, 6, 8$
$I = (RO)_2 POP (OR)_2$
$II = (RO)_2 P \cdot Cl + N(R)_3$

Bild 1. Schema der Cyclisierung von Oligomeren mit Hilfe energiereicher Phosphorigsäure-Derivate

an der Carboxylgruppe zu aktivieren vermag. Eine Aktivierung an der Aminogruppe wurde von *Anderson* [22] nicht beobachtet.

Das Kondensationsmittel wurde von uns vor jedem Cyclisierungsansatz durch gemeinsames Lösen äquimolarer Mengen Diäthyläthylenpyrophosphit und Imidazol in Diäthylphosphit frisch bereitet.

Die Cyclisierungen mit Diäthyläthylenpyrophosphit und Imidazol/Diäthyläthylenpyrophosphit wurden unter gleichen Bedingungen durchgeführt. Es erwies sich dabei als sehr zweckmäßig, die Konzentration des Oligomeren in der Reaktionslösung mit wachsender Molekülgröße des linearen Ausgangsproduktes herabzusetzen. Beim Arbeiten in zu konzentrierten Lösungen treten als Nebenprodukte höhere lineare und cyclische Oligomere bzw. Polymere auf. Während sich für die Cyclisierung des linearen Dimeren mit Tetraalkylpyrophosphit eine 0,004 molare Lösung als günstigste Konzentration erwies [18], mußten wir für die höheren Oligomeren folgende Konzentrationen wählen: Tetrameres 0,002, Pentameres 0,0005, Hexameres 0,00025 und Oktameres 0,00015 molar.

Reaktionstemperatur und Dauer der Reaktion konnten vom Dimeren [18] auf das Tetra- und Pentamere übertragen werden (140 °C, 2 h). Hexa- und Oktameres ergaben jedoch erst nach längerem Erhitzen (3 bis 5 h) befriedigende Ausbeuten. Da sich diese höheren Oligomeren bei 140 °C nicht mehr in genügendem Maße in Diäthylphosphit lösten, wurde entweder bei 160 °C gelöst und bei 140 bzw. 150 °C cyclisiert oder von vornherein bei 160 °C gearbeitet. Das Kondensationsmittel wurde in 10- bis 20fachem Überschuß eingesetzt.

Imidazol/Pyrophosphit als Kondensationsmittel lieferte unter gleichen Bedingungen höhere Ausbeuten an Cyclooligomeren als Pyrophosphit allein. Dieser Effekt wurde schon von *Anderson* bei der Synthese linearer Peptide beobachtet [22].

Wir erhielten mit Diäthyläthylenpyrophosphit (20facher Überschuß) 38% bzw. 25 bis 30% (10facher Überschuß) Cyclotetrameres, mit Imidazol/Diäthyläthylenpyrophosphit (10facher Überschuß) 55% der Substanz. Die Ausbeute an Cyclopentamerem erhöhte sich entsprechend von 20% (20facher Überschuß Pyrophosphit) auf 45% (10facher Überschuß Imidazol/Pyrophosphit). An Cyclohexamerem erhielten wir nach Imidazolzusatz 24% Ausbeute.

2.2 Cyclisierung nach Voraktivierung

Die geringe Ausbeute an Cyclohexamerem veranlaßte uns, die Aktivierung des linearen Hexameren bei tiefer Temperatur in konzentrierter Lösung bzw. Suspension vorzunehmen. Systematische Versuche mit der Diaminocapronsäure zeigten aber, daß hierbei gleichzeitig höhere Kondensationsprodukte gebildet werden. Bei geeigneter Versuchsführung entstehen Cyclodi- und Cyclotetrameres nebeneinander. Während ihre Trennung durch Ionenaustauscher nur unvollständig gelingt und zudem umständlich und zeitraubend ist, ermöglicht die *Craig*-Verteilung im System Heptan/Methanol [28] eine Isolierung beider Komponenten auf recht einfachem Wege. Auf diese Weise gewinnt man Cyclotetrameres aus dem linearen Dimeren in Ausbeuten von 10 bis 20%.

Gute Dienste leistete eine Voraktivierung für die Cyclisierung der Okta-aminocapronsäure. Als energiereiche Phosphorverbindung diente Äthylenchlorophosphit [26] in Gegenwart von Triäthylamin bzw. Diäthyläthylenpyrophosphit. Die Suspension des Oktameren in Diäthylphosphit wurde nach Zugabe des Phosphorigsäurereagenz' in den Verdünnungsansatz gegeben, wo sich das Oktamere bei 140°C bereits vollständig auflöste. Die Cyclisierung wurde nun bei 140°C vorgenommen und so 25% d. Th. Cyclooktameres erhalten. Offenbar spielt hierbei außer einer echten Voraktivierung der lösungsvermittelnde Einfluß der Phosphorverbindung eine Rolle, wodurch die Cyclisierung bei der für den Ringschluß günstigen Temperatur von 140°C vorgenommen werden konnte. Nach Voraktivierung des linearen Hexameren wurden 10% Cyclohexa-aminocaproyl erhalten.

2.3. Die Reinheit der dargestellten Substanzen

Die cyclischen Oligomeren unterscheiden sich von den linearen Ausgangsprodukten durch einen höheren Schmelzpunkt. Während die linearen Oligoaminocapronsäuren zwischen 200 und 210°C schmelzen [9], liegen die Schmelzpunkte des Cyclotetra- bis -hexameren zwischen 250 und 260°C [9, 10]. Das Cyclooktamere schmilzt bei 230°C [11]. Die Cycloamide besitzen weiter charakteristische Kristallformen [9]. Cyclotetra- und -pentameres bilden durchsichtige rechteckige Blättchen, während sich die höheren Oligomeren vom Hexameren an aufwärts in Form von Kügelchen aus methanolischer Lösung abscheiden [29] (s. a. Bild 2).

Schmelzpunkte und Kristallform werden empfindlich durch Verunreinigungen beeinflußt, so daß es unter Umständen überhaupt nicht zur Ausbildung der für die betreffende Substanz charakteristischen Kristallformen kommt. Man erhält so schon erste Hinweise auf die Reinheit der dargestellten Substanz. Eine exakte Reinheitsprüfung ist jedoch erst mit Hilfe der Papierchromatographie möglich.

Als Lösungsmittelsystem zur Erkennung der Cycloamide benutzten wir das Gemisch Tetrahydrofuran (186) Cyclohexan(14) Wasser(10) (TCW) [5], in dem die Unterscheidung von linearen, cyclischen und polymeren Produkten bis zum Cyclopentameren möglich ist. Lineare und polymere Substanzen verbleiben am Start, wo sie durch die Ninhydrinreaktion kenntlich gemacht werden können, während die Cycloamide

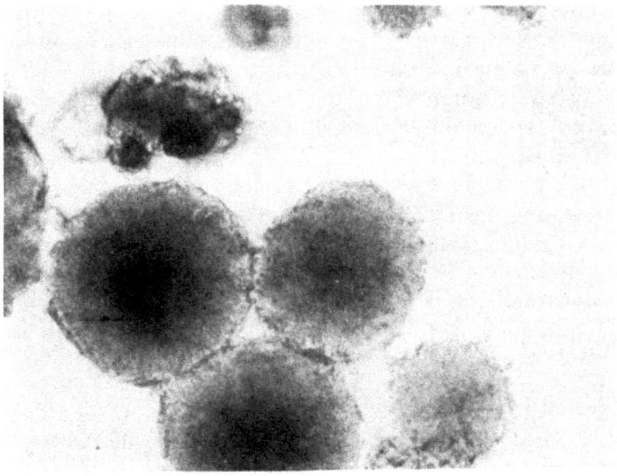

Bild 2. Cyclo-okta-aminocaproyl, Vergrößerung: 250fach

mit Chlor/o-Tolidin nach der trockenen Methode entwickelt werden [6, 30]. Die Chromatographie des Cyclohexa- und des Cyclooktameren in TCW erlaubt keine eindeutige Aussage mehr über die Reinheit der Substanzen. Eine solche Aussage ist aber möglich, wenn man diese Substanzen außerdem noch im System Butanol(4)Eisessig(1)Wasser(1) (BEW) chromatographiert. Während das System TCW die Erkennung mehrerer homologer Cycloamide nebeneinander gestattet, lassen sich im System BEW cyclische Oligomere von linearen Ausgangsprodukten und Polymeren unterscheiden.

Die von uns dargestellten Substanzen erwiesen sich in den angegebenen Systemen als chromatographisch rein. Die Trennung von linearen Ausgangs- und Kondensationsprodukten erfolgte zweckmäßig mit Hilfe von Wofatit-Ionenaustauschern (KPS 200 und L 150) in methanolisch-wäßriger Lösung. Zur Reinigung des Cyclooktameren wurde dessen methanolische Lösung durch KPS 200 (methanolisch) filtriert.

2.4 Blindversuche in Diäthylphosphit

Diäthylphosphit wirkt bei erhöhter Temperatur ebenfalls als Kondensationsmittel für Oligamide und Peptide [18, 19]. In der vorliegenden Arbeit haben wir die Einflüsse verschiedener Versuchsparameter, wie Temperatur und Vorbehandlung des Lösungsmittels, auf seinen Blindeffekt bei der Cyclisierung der Diaminocapronsäure studiert. Auf Grund unserer Versuche möchten wir eine echte Reaktion zwischen Diäthylphosphit und dem Oligamid annehmen[2]). Die Frage nach dem Mechanismus dieser Reaktion muß jedoch noch unbeantwortet bleiben. Außer einer direkten Aktivierung, die wegen der Unbeständigkeit der Zwischenprodukte bei der hohen Reaktionstemperatur problematisch ist, muß die Bildung energiereicher Phosphorverbindungen durch Zersetzungs- oder Umlagerungsreaktionen des Lösungsmittels [32] in Betracht gezogen werden. Dabei ist die Rolle der polaren Endgruppen des Oligamids zu berücksichtigen. So waren positive Blindversuche in den meisten Fällen von einer merklichen Zersetzung des Lösungsmittels begleitet. Als Folge der Zersetzung traten gasförmige und schwerflüchtige, sauer reagierende Produkte auf. Besonders hohe Blindwerte ergab

[2]) Über weitere Versuche zu diesem Problem s. a. [31].

redestilliertes Diäthylphosphit aus Versuchen mit Kondensationsmittel. Hier war die Zersetzung des Lösungsmittels auffällig. Es ist interessant, daß nach Zusatz von Stoffen wie Wasser, die bei Reaktionstemperatur zersetzend wirken, ebenfalls Cyclodimeres gebildet wurde.

Daß in Gegenwart von Kondensationsmitteln die Aktivierung des Oligomeren auf die in Bild 1 skizzierte Weise erfolgt, zeigen besonders Versuche bei tieferen Temperaturen (50 und 100 °C). Hier erhält man im Blindversuch mit frisch bereitetem Lösungsmittel kein Cyclodimeres, nach Zusatz von Pyrophosphit jedoch 10 bis 25% (s. dazu auch [19]).

2.5 *Vergleich mit anderen Methoden*

Zur Beurteilung der Leistungsfähigkeit der neuen Cyclisierungsmethode haben wir die erhaltenen Ausbeuten an cyclischen Oligomeren den nach der Azid-Methode [10, 11] und den mit Hilfe energiereicher Ester [9] erhaltenen Ausbeuten gegenübergestellt (Tabelle 1).

Da wir bei unserem Einstufenverfahren das aktivierte Zwischenprodukt selbst nicht fassen, muß die Ausbeute auf das lineare Oligomere, das als Ausgangsprodukt eingesetzt wurde, bezogen werden. Zum Vergleich mit der Azid-Cyclisierung ist als Bezugssubstanz der jeweils benutzte N-Acyl-oligamid-ester zu wählen, d. i. der N-Carbobenzoxy-oligamid-methylester bei der Azid-Methode [10, 11] und der N-Carbobenzoxy-oligamid-benzylester [33] in unserem Falle.

Mit Hilfe energiereicher Phosphorverbindungen gelang auch die Cyclisierung von Oligamiden anderer ω-Aminosäuren [14, 19, 31, 34], bei denen z. T. die bisher üblichen Methoden versagten.

3 *Versuche zum Mechanismus der Aktivierung mit Phosphorigsäure-Derivaten*

3.1 *Energiereiche Zwischenprodukte*

Energiereiche[3]) Phosphorsäureanhydride von Aminosäuren wurden in den letzten Jahren im Hinblick auf die Aminosäurereaktivierung in vivo [35] in mehreren Arbeitskreisen untersucht [36 bis 41] und zur Knüpfung der Peptidbindung herangezogen. Phosphorsäureamide der Aminosäuren erwiesen sich dagegen in vielen Fällen als ungeeignet zur Peptidknüpfung, so daß der Phosphorylrest sogar als Aminoschutzgruppe empfohlen wurde [40].

[3]) energiereich im Sinne der biochemischen Terminologie

Wie *Anderson* [24, 25] zeigen konnte, ist aber mit energiereichen Derivaten der phosphorigen Säure eine Aktivierung an Carboxyl- und Aminogruppe möglich. Sowohl Dialkylphosphorigsäureamide als auch Dialkylphosphorigsäureanhydride von Aminosäuren eigneten sich zur Peptidsynthese. Beim Einsatz eines freien Peptids oder Oligamids zur Cyclisierung können so entsprechend Bild 1 beide Endgruppen in Reaktion treten. Die bisher vorliegenden experimentellen Ergebnisse [24, 25] lassen jedoch keine Aussage über den quantitativen Verlauf der Reaktion, d. h. die Bevorzugung der einen oder der anderen Endgruppe bei der Aktivierung, zu. Zur Beurteilung des Reaktionsmechanismus wäre außerdem noch die Kenntnis der Umsetzungsgeschwindigkeiten beider Zwischenprodukte wichtig. Wir haben deshalb Dialkylphosphorigsäureamide und -anhydride der Aminocapronsäure dargestellt und ihre Reaktionsfähigkeit untersucht.

Um zu definierten Produkten zu gelangen, setzten wir monofunktionelle Aminocapronsäurederivate, d. h. den Benzylester und die Carbobenzoxyverbindung, ein. Ihre Umsetzung mit Äthylenchlorophosphit in Gegenwart eines tertiären Amins lieferte die Aktivierungsprodukte in Form farbloser Öle, die sich nicht destillieren ließen. Zur Charakterisierung wurden diese mit entsprechenden monofunktionellen Aminocapronsäurederivaten in einem inerten Lösungsmittel erhitzt, wobei wir in hohen Ausbeuten Carbobenzoxy-oligamid-benzylester erhielten. Charakteristische Unterschiede in der Umsetzungsgeschwindigkeit beider Zwischenprodukte wurden nicht beobachtet.

Versuche zur Umsetzung der gemischten Dialkylphosphorigsäure-cbo-aminosäure-anhydride mit Alkohol lieferten keine Ester, wie das von entsprechenden Phosphorsäureanhydriden bekannt ist [37]. Wir erhielten vielmehr die freie Carbobenzoxy-Verbindung zurück. In Analogie zur Reaktion von Carbonsäure-dialkylphosphorigsäureanhydriden mit Alkohol [42] dürfte die Reaktion deshalb wie folgt verlaufen.

$$C_6H_5CH_2OCONH(CH_2)_5COOP\begin{matrix}\diagup OCH_2\\ \quad\ |\\ \diagdown OCH_2\end{matrix} + C_2H_5OH \rightarrow$$

$$C_6H_5CH_2OCONH(CH_2)_5COOH + C_2H_5OP\begin{matrix}\diagup OCH_2\\ \quad\ |\\ \diagdown OCH_2\end{matrix}$$

Dadurch wird es auch verständlich, daß sämtliche Versuche, die Phosphorigsäureaktivierung zur Ver-

Tabelle 1. Gegenüberstellung der Ausbeuten an Cyclooligamiden nach verschiedenen Methoden

	Energier. Ester [9, 19]	Azide [10, 11]		Energier. Phosphite (diese Arb.)	
	bezogen auf	bezogen auf		bezogen auf	
	Ester-hydrobromid [%]	Cbo-hydrazid [%]	Cbo-methylester [%]	freies Oligamid [%]	Cbo-benzylester [%]
Cyclotetrameres	43	53	37	55	53
Cyclopentameres	52	60	~45	45	43
Cyclohexameres	28	50	38	24	23
Cyclooktameres		25 (auf Hydrazid-hydrobromid)	16	25	23

esterung heranzuziehen, bisher ergebnislos verliefen. In Gegenwart der Aminokomponente erfolgt jedoch auch in alkoholischer Lösung in geringem Maße (12%) Bildung des N-Acyl-dipeptidesters.

Erhitzen des gemischten Anhydrids unter Feuchtigkeitsausschluß lieferte, besonders in Gegenwart von Triäthylamin, symmetrisches Anhydrid.

Versuche der Darstellung des Cbo-diaminocapronsäure-diäthylphosphorigsäure-anhydrids über das Silbersalz der Cbo-Verbindung nach *Katchalski* [37] scheiterten.

3.2 Quantitative Versuche zur Aktivierung

Zur Messung der relativen Reaktionsgeschwindigkeiten der Aktivierung eignete sich die Umsetzung von Carboxyl- und Aminokomponenten mit Äthylenchlorophosphit in Gegenwart von Triäthylamin. In beiden Fällen wird Triäthylamin-hydrochlorid gebildet, das sowohl gravimetrisch als auch konduktometrisch bestimmt werden kann.

Die gravimetrische Bestimmung des Hydrochlorids erfolgte in ätherischer Lösung. Tetrahydrofuran ist als Lösungsmittel ungeeignet, da es mit dem Chlorophosphit reagiert. Wegen der geringen Löslichkeit des Aminocapronsäurebenzylesters in Äther wurde als Aminokomponente Cyclohexylamin eingesetzt. Nach 3 min war die Umsetzung an Carboxyl- und Aminokomponente quantitativ.

Eine genauere Bestimmung erfolgte durch Leitfähigkeitsmessungen in Methylenchlorid[4]). Die Leitfähigkeitszunahme während der Reaktion ließ sich eindeutig auf die Bildung von Triäthylaminhydrochlorid zurückführen.

Die Messungen bestätigen die gravimetrischen Umsatzbestimmungen. Beide Komponenten reagieren sehr rasch mit dem Phosphitreagenz. Bereits nach 1 min wurde keine Änderung der Leitfähigkeit mehr beobachtet. Die Versuche lassen jedoch keine Schlüsse über eine Bevorzugung der einen oder anderen Endgruppe bei der Aktivierung innerhalb der ersten Minute zu. Immerhin gibt dieses Ergebnis wertvolle Hinweise auch für Voraktivierungsversuche.

Zur Beurteilung des zweiten Reaktionsschrittes der Oligomerensynthese, der Umsetzung der aktiven Zwischenprodukte mit monofunktionellen Derivaten der Aminocapronsäure, wären aufwendige Messungen notwendig. Diese müssen späteren Untersuchungen vorbehalten bleiben.

[4]) Für die Möglichkeit der Durchführung dieser Messungen in der Analytischen Abteilung des Institutes für Faserstoff-Forschung danke ich Herrn Dr. habil. *B. Philipp*, für die Hilfe bei den Messungen Herrn Chemieing. *H. Dautzenberg*.

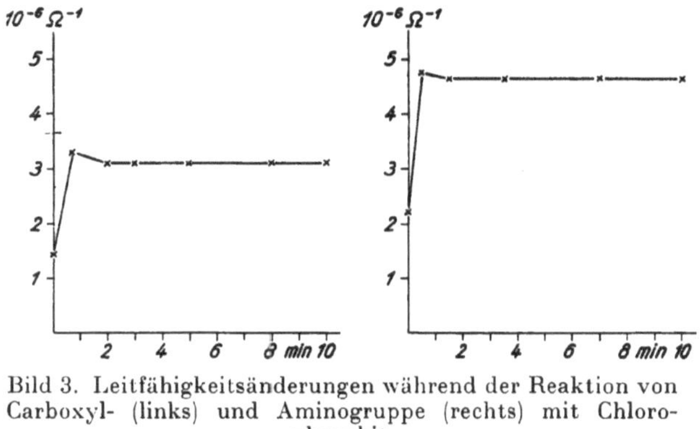

Bild 3. Leitfähigkeitsänderungen während der Reaktion von Carboxyl- (links) und Aminogruppe (rechts) mit Chlorophosphit

4. Experimenteller Teil

Alle Schmelzpunkte wurden auf dem Mikroheiztisch nach *Boetius* bestimmt und sind korrigiert.

Für die chromatographischen Analysen wurde Schleicher & Schüll-Papier 2043b benutzt. Es wurde nach der absteigenden Methode gearbeitet.

Die Darstellung der Phosphorigsäure-Reagenzien erfolgte nach Literaturvorschriften, Diäthylphosphit (DEP) nach [43] in 70- bis 90%iger Ausbeute oder nach [44] in 60%iger Ausbeute, Sdp.$_{10}$ 71 °C. Äthylenchlorophosphit (ECP) nach [45] in 89%iger Ausbeute, Sdp.$_{29}$ 58 bis 59 °C, n_D^{20} 1,4910.
Diäthyläthylenpyrophosphit (DEEPP) nach [21] in 60%iger Ausbeute, Sdp.$_4$ 95 bis 100 °C, n_D^{20} 1,4528.

Cyclodiaminocaproyl

Nach Voraktivierung: 980 mg Diaminocapronsäure (0,004 Mol) wurden mit 0,6 ml Triäthylamin (TEA) (0,0043 Mol) in 25 ml DEP suspendiert und unter Rühren 0,4 ml Äthylenchlorphosphit (0,004 Mol) zugegeben. Es wurde 15 min bei Zimmertemperatur gerührt, in 1 l DEP gegossen und das Ganze 2 h unter Stickstoff auf 140 °C erhitzt. Nach Abdestillieren des erkalteten Lösungsmittels im Vakuum (1 mm) hinterblieb ein halbfestes Produkt, das im wesentlichen aus Triäthylaminhydrochlorid und Cyclodimerem (R_f TCW 0,48) neben Cyclotetramerem (R_f TCW 0,25) bestand. Es wurde aus 30 ml Wasser umkristallisiert (Ausbeute 532 mg = 59% d. Th. eines Gemisches aus Cyclodi- und -tetramerem), in 500 ml Methanol/Wasser (1:1) aufgenommen und durch Wofatit-Austauscher filtriert (20 ml KPS 200 + 5 ml L 150, Tropfgeschwindigkeit 1 Tropfen/5 s). Ausbeute an chromatographisch einheitlichem Cyclodimerem 376 mg (41,5% d. Th.) Das Produkt sublimiert über 200 °C quantitativ, Schmp. 345 bis 348°. Eine Erhöhung der Ausbeute an Cyclodimerem ist bei Vergrößerung des Austauschervolumens und Verminderung der Tropfgeschwindigkeit durch bessere Trennung vom Tetrameren möglich.

Voraktivierung mit vierfachem Überschuß an Chlorophosphit lieferte 70% cyclische Produkte; 50% Cyclodimeres konnte isoliert werden. Voraktivierung von 244 mg Diaminocapronsäure, in 80 ml DEP gelöst, mit der äquimolaren Menge DEEPP ergab 31% chromatographisch reines Cyclodimeres.

Blindversuche: Erhitzen der Diaminocapronsäure in Dimethylformamid, Dimethylsulfoxid, Äthylenglykol (100 °C, 140 °C, Sdp.) ergab kein Cyclodimeres, in frisch bereitetem DEP [43] bei zweistündigem Erhitzen einer 0,004 molaren Lösung auf 100 °C 0%, 140 °C: 15 bis 25%, 190 °C: bis 30% Cyclodimeres; in redestilliertem DEP aus Versuchen mit Kondensationsmittel: 100 °C: 10 bis 20%, 140 °C: 20 bis 45% Cyclodimeres; bei 50 °C in verschieden vorbehandeltem DEP: 0%, nach Zusatz von DEEPP bis 10% Cyclodimeres; bei 100 °C nach DEEPP-Zusatz bis 25% Cyclodimeres.

Cyclotetra-aminocaproyl

940 mg Tetra-aminocapronsäure (0,002 Mol) wurden unter Erwärmen in 1 l DEP gelöst, eine Lösung von 4,6 g DEEPP und 1,36 g Imidazol in 10 ml DEP zugegeben und 2 h unter Stickstoff auf 140 °C erhitzt. Nach Abdestillieren des Lösungsmittels im Vakuum (1 mm) blieben wenige ml eines sauren Öls zurück, aus dem mit 300 ml Aceton feste Produkte gefällt wurden. Nach Stehen in der Kühltruhe (−10 °C) über Nacht wurde abgesaugt, der Rückstand in 2 l Methanol/Wasser aufgenommen, vom Polymeren abfiltriert und die Lösung durch Wofatit-Austauscher (15 ml KPS 200 + 5 ml L 150)

gegeben. Nach Eindampfen der Filtrate im Vakuum und Umkristallisieren aus 20 ml Wasser wurden 501 mg (55% d. Th.) chromatographisch reines Cyclotetrameres vom Schmp. 256°C in schönen quadratischen Blättchen erhalten (Literatur [9] - Schmp. 256 bis 257°C). R_f TCW 0,25. Bei Verwendung von DEEPP ohne Imidazol als Kondensationsmittel erhielten wir unter sonst gleichen Bedingungen 30% und mit 20fachem DEEPP-Überschuß 38% d. Th. Cyclotetrameres. Cyclisierungen in 0,001 molarer Lösung ergaben 7%, in 0,00133 molarer Lösung 20% und in 0,004 molarer Lösung 10% Cyclotetrameres.

Cyclopenta-aminocaproyl

583 ml lineares Pentameres (0,001 Mol) wurden mit 2,3 g DEEPP und 680 mg Imidazol in 2 l DEP, wie beim Tetrameren beschrieben, cyclisiert (0,0005 molar). Ausbeute 255 mg (45% d. Th.) Cyclopentameres (aus Wasser in schönen rechteckigen Täfelchen) vom Schmp. 254° (Literatur [9] - Schmp. 254°C).
R_f TCW 0,16 BEW 0,90

Versuche ohne Imidazol unter sonst gleichen Bedingungen mit 20fachem Überschuß an DEEPP ergaben 20% Cyclopentameres. In 0,001 und 0,00025 molaren Lösungen lagen die Ausbeute bei 20% d. Th.

Cyclohexa-aminocaproyl

348,5 mg lineares Hexameres (0,0005 Mol) wurden in 2 l DEP bei 160°C gelöst, 2,3 g DEEPP und 680 mg Imidazol (20facher Überschuß) in 10 ml DEP zugegeben und 5 h unter Stickstoff auf 150°C erhitzt. Das feste, mit Aceton aus dem Destillationsrückstand gefällte Rohprodukt wurde mit 100 ml Methanol ausgekocht und als methanolisch-wäßrige Lösung (1 l, 1:1) durch Austauscher (6 ml KPS 200 + 6 ml K 150) filtriert. Ausbeute 83 mg (24,4% d. Th.) vom Schmp. 258 bis 260°C (aus Methanol in Kügelchen), Literatur [10] - Schmp. 260°C. R_f TCW 0,10 BEW 0,91.

Nach Voraktivierung von 696 mg linearem Hexameren mit 0,6 ml TEA und 0,4 ml ECP in 50 ml DEP (15 min bei Zimmertemp.) wurde 5 h in 4 l DEP auf 160°C erhitzt. Aufarbeitung wie beschrieben. Ausbeute 70 mg (10,3% d. Th.), Schmp. 258 bis 260°C.

Cyclo-okta-aminocaproyl

231 mg lineares Oktameres (als Acetat, entsprechend 0,00024 Mol Okta-aminocapronsäure) wurden in 20 ml DEP suspendiert, unter Rühren mit 0,6 ml TEA und 0,4 ml ECP behandelt und in 2 l DEP ($1{,}25 \cdot 10^{-4}$ molar) 5 h auf 140°C erhitzt. Das Rohprodukt wurde mit mehreren Portionen siedenden Methanols extrahiert. Beim Einengen schieden sich 96 mg (45,5% d. Th.) einer ninhydrin-negativen Substanz ab. Reinigung durch Filtration der methanolischen Lösung (1 l) durch 1 ml KPS 200 und anschließendes Umkristallisieren aus Methanol ergab 45,1 mg (25,4% d. Th.) vom Schmp. 226 bis 230°C (Literatur [11] - Schmp. 226 bis 230°C). R_f BEW 0,93.

$C_{48}H_{88}N_8O_8$ (905,3)	Ber.	C 63,68%	H 9,80%	N 12,38%
	Gef.	C 63,94%	H 10,08%	N 12,26%

Carbobenzoxyaminocapronsäure-phosphorigsäureglykolester-anhydrid

26,5 g Cbo-aminocapronsäure wurden in 500 ml abs. Äther unter Rühren bei Zimmertemperatur gelöst, auf 0°C abgekühlt und 13,8 ml TEA zugesetzt. Innerhalb von 15 min wurden 12,7 g ECP in 50 ml abs. Äther hinzugetropft, wobei Triäthylaminhydrochlorid flockig ausfiel. Nach Entfernen der Kühlung wurde noch 30 min bei Zimmertemperatur gerührt und anschließend vom Hydrochlorid unter Feuchtigkeitsausschluß abgesaugt. Rückstand 13,0 g (theoret. 13,7 g). Nach Abdestillieren des Lösungsmittels bei 0°C im Vakuum blieb das Anhydrid als farbloses, wasserklares Öl zurück, das zur Entfernung von Chlorophosphitresten dreimal mit eiskaltem Petroläther ausgeschüttelt und anschließend bis zur Gewichtskonstanz bei 1 mm Torr gehalten wurde. Ausbeute 32,8 g (92,5% d. Th.), n_D^{20} 1,5161.

$C_{16}H_{22}NO_6P$ (355,2)	Ber.	N 3,94%	P 8,72%	Cl 0%
	Gef.	N 3,95%	P 8,52%	Cl 0,29%

Das Produkt ist löslich in Äther, Äthanol, Benzol, Toluol, schwer bzw. unlöslich in Petroläther und Wasser. Durch Wasser wird es infolge seiner Schwerlöslichkeit relativ langsam zu Cbo-aminocapronsäure hydrolysiert. Unter Feuchtigkeitsausschluß disproportioniert es sich allmählich, besonders bei erhöhter Temperatur und in Gegenwart von Triäthylamin unter Ausscheidung des symmetrischen Anhydrids. Im Kühlschrank bei −10°C ist die Substanz tagelang unersetzt haltbar. Die Hydroxamsäureprobe mit Hydroxylamin und $FeCl_3$ ist positiv.

Zur Umsetzung mit Aminocapronsäurebenzylester wurden 3,6 g Anhydrid und 2,6 g Esterhydrochlorid [33] mit 1,4 ml TEA in 20 ml abs. Toluol 2 h unter Rückfluß und Feuchtigkeitsausschluß erhitzt. Aus der erkalteten Lösung schied sich Cbo-diaminocapronsäurebenzylester [33] kristallin ab. Nach Absaugen, Waschen mit 5%iger Bicarbonatlösung und Wasser und Umkristallisierung aus Essigester wurden 4,42 g (95% d. Th.) vom Schmp. 82°C gewonnen. Schmp. eines nach dem Standard-Verfahren [23] gewonnenen Produktes [33] 83 bis 84°C.

Zur Umsetzung in alkoholischer Lösung wurden 0,36 g Anhydrid mit 0,26 g Benzylesterhydrochlorid und 0,2 ml TEA in 5 ml abs. Äthanol gelöst und 2 h unter Rückfluß zum Sieden erhitzt. Ausbeute 0,06 g (12,8% d. Th.).

Veresterungsversuche über das Phosphorigsäureanhydrid

0,01 Mol Cbo-diaminocapronsäure wurde mit einem Überschuß DEEPP in 10 ml DEP in das gemischte Anhydrid überführt, nach Stehen bei Zimmertemperatur (30 min) der 20-fache Überschuß an Benzylalkohol zugegeben und 1 h im siedenden Wasserbad auf 100°C erwärmt. Zur Aufarbeitung wurde mit abs. Äther gefällt und nach Stehen in der Kühltruhe ein kristallines Rohprodukt erhalten, von dem ein Teil beim Waschen mit Bicarbonat in Lösung ging und sich nach Ansäuern mit verd. HCL als Cbo-diamincapronsäure (Schmp. 100 bis 106°C) erwies. Der Rückstand wurde aus Alkohol umkristallisiert (Schmp. 135 bis 140°C) (symmetrisches Anhydrid [46]). Versuche in Tetrahydrofuran und Äther sowie mit Äthanol als Alkoholkomponente lieferten nur Cbo-diaminocapronsäure. Die Verwendung von Chlorophosphit als Aktivierungsmittel führte zum gleichen Ergebnis. Bei Versuchen mit Cbo-aminocapronsäure erhielten wir ebenfalls das Ausgangsprodukt unverändert zurück.

Silbersalz der Cbo-diaminocapronsäure

16,3 g Cbo-Dimeres wurden mit 1,73 g NaOH in 70 ml Wasser gelöst und klar filtriert. Die Lösung wurde mit einigen Tropfen verdünnter Essigsäure unter Umschwenken auf pH 7 gebracht und unter kräftigem Rühren eine Lösung von 7,3 g Silbernitrat in 20 ml Wasser zugetropft, wobei das Silbersalz flockig ausfiel. Man ließ über Nacht im Dunkeln bei Zimmertemperatur stehen, filtrierte ab, wusch mit viel Wasser und Aceton. Zur Entfernung der letzten Reste unveränderten Ausgangsproduktes wurde kurz mit Essigester aufgekocht. Nach Absaugung und Trocknen im dunklen Exsikkator über Schwefelsäure erhielt man 19,1 g (92% d. Th.) vom Schmp. 218 bis 220°C (oberhalb 200°C beginnende Zersetzung).

$C_{20}H_{29}N_2O_5Ag$ (485,3)	Ber.	N 5,77%	Ag 22,26%
	Gef.	N 5,71%	Ag 21,72%

Suspensionen des Silbersalzes in Tetrachlorkohlenstoff bzw. Methylenchlorid ergaben nach Behandlung mit Dialkylchlorophosphit keine definierten Produkte.

Phosphorigsäureglykolester-amid des Aminocapronsäurebenzylesters

5,5 g Aminocapronsäurebenzylester [33] (0,0250 Mol), in 50 ml abs. Benzol gelöst, wurden mit 3,5 ml TEA (0,0252 Mol) versetzt, im Eisbad unter Rühren auf 0 °C abgekühlt und 2,52 ml ECP (0,0252 Mol) in 10 ml Benzol hinzugetropft. Anschließend wurde 30 min bei Zimmertemperatur gerührt und das ausgefallene Triäthylaminhydrochlorid unter Ausschluß von Feuchtigkeit abgesaugt (3,45 g, theoret. 2,47 g). Nach Abdestillieren des Lösungsmittels an der Wasserstrahlpumpe bei Zimmertemperatur wurde der ölige Rückstand zur Entfernung von nicht umgesetzten Chlorophosphit dreimal mit je 20 ml eiskaltem Petroläther durchgeschüttelt. Die Lösungsmittelreste wurden an der Ölpumpe entfernt (Gewichtskonstanz).
Ausbeute 6,3 g (81% d. Th.) eines farblosen klaren Öls. n_D^{20} 1,5228.

$C_{15}H_{22}NO_4P$ (311,2)	Ber.	N 4,50%	P 9,95%	Cl 0%
	Gef.	N 4,53%	P 10,30%	Cl 0,12%

Zur Kupplung mit Cbo-aminocapronsäure wurden 3,11 g Phosphitamid mit 2,65 g Cbo-aminocapronsäure in 20 ml abs. Toluol 2 h unter Rückfluß und Feuchtigkeitsausschluß erhitzt. Ausbeute 4 g (85% d. Th.) Cbo-diaminocapronsäurebenzylester vom Schmp. 81 bis 82 °C. Umsetzung in siedendem Äthanol lieferte 17% Cbo-diaminocapronsäurebenzylester.

Quantitative Versuche zur Aktivierung

Gravimetrische Bestimmung des Triäthylaminhydrochlorids.

Äquivalente Mengen Triäthylamin und Äthylenchlorophosphit wurden bei 0°C und Zimmertemperatur in abs. Tetrahydrofuran bzw. abs. Äther zusammengegeben. Blindausbeute in Tetrahydrofuran 80%, in Äther 7% Triäthylaminhydrochlorid.

Umsetzung von Cbo-aminocapronsäure mit Triäthylamin und Äthylenchlorophosphit in abs. Äther lieferte bereits nach 3 min 97% Triäthylaminhydrochlorid. In ähnlicher Weise wurden aus Cyclohexylamin, Triäthylamin und Äthylenchlorophosphit nach 3 min 100% Triäthylaminhydrochlorid isoliert.

Konduktometrische Bestimmung des Hydrochlorids

Als Reaktionskomponenten wurden Cbo-aminocapronsäure und Aminocapronsäurebenzylester (Aminocapronsäurebenzylester-hydrochlorid + Triäthylamin) in Methylenchlorid eingesetzt. Zur Messung gelangten je 15 ml einer Lösung von 0,001 Mol Substanz und der berechneten Menge Triäthylamin in 50 ml frisch über P_2O_5 destilliertem Methylenchlorid, die zur Bestimmung des Blindwertes mit 15 ml Methylenchlorid, für die Verfolgung des Reaktionsverlaufs mit 15 ml äquivalenter Chlorophosphitlösung und zur Bestimmung des Endwertes der Reaktion mit 15 ml äquivalenter Lösung von Triäthylaminhydrochlorid in Methylenchlorid versetzt wurden. Der nach Zugabe des Chlorophosphits erreichte Endwert der Leitfähigkeitsänderung war identisch mit der Leitfähigkeit äquivalenter Triäthylaminhydrochloridlösungen.

Die Messungen wurden in einer Zelle mit Platinelektroden, die sich in einem Thermostaten befand, durchgeführt. Meßtemperatur 20 °C. Als Meßgerät diente eine RLC-Meßbrücke.

Meinem hochverehrten Lehrer, Herrn Professor Dr. *W. Langenbeck*, möchte ich für das wohlwollende Interesse an dieser Arbeit danken.

Den Direktoren des Instituts für Faserstoff-Forschung Herrn Professor Dr. Dr. h.c. *E. Correns* und Herrn Professor Dr. *H. Klare*, danke ich für die materielle Unterstützung der Arbeit.

Die vorliegenden Untersuchungen wurden von Herrn Dr. habil. *M. Rothe* angeregt und bis zum Juli 1961 wissenschaftlich betreut. Dafür sowie für wertvolle Hinweise möchte ich ihm an dieser Stelle danken.

Herrn Dr. *G. Reinisch* bin ich für die wissenschaftliche Förderung der Arbeit nach dem Weggang von Herrn Dr. *Rothe* und anregende Diskussionen zu Dank verpflichtet.

Frau *U. Charchulla* und Frl. *J. Günter* sei für gewissenhafte technische Mitarbeit gedankt.

Literatur

[1] *Schlack, P.*, und *Kunz, K.*, in: Chemische Textilfasern, Filme, Folien, herausgeg. von *R. Pummerer*, Stuttgart: Enke 1952, S. 629 ff.
[2] *Hermans, P. H.*, Rec. Trav. chim. Pays-Bas **72** (1953) S. 798.
[3] *Hermans, P. H.*, Nature, London **177** (1956) S. 126. *Hermans, P. H.*, *Heikens, D.*, und *van Velden, P. F.*, J. Polymer Sci. **30** (1958) S. 81.
[4] *Rothe, I.*, und *Rothe, M.*, Chem. Ber. **88** (1955) S. 284.
[5] *Rothe, M.*, J. Polymer Sci. **30** (1958) S. 227.
[6] *Zahn, H.*, und *Rexroth, E.*, Z. analyt. Chemie **148** (1955) S. 181.
[7] *Spoor, H.*, und *Zahn, H.*, Z. analyt. Chemie **168** (1959) S. 190; *Zahn, H.*, und *Spoor, H.*, Chem. Ber. **89** (1956) S. 1296; **92** (1959) S. 1375.
[8] *Zahn, H.*, *Kunde, J.*, und *Heidemann, G.*, Makromol. Chemie **43** (1961) S. 220.
[9] *Rothe, M.*, und *Kunitz, F. W.*, Liebigs Ann. Chemie **609** (1957) S. 88.
[10] *Zahn, H.*, und *Determann, H.*, Chem. Ber. **90** (1957) S. 2176.
[11] *Zahn, H.*, und *Kunde, J.*, Liebigs Ann. Chemie **618** (1958) S. 158.
[12] *Zahn, H.*, und *Gleitsmann, G. B.*, Angew. Chemie **75** (1963) S. 772.
[13] *Rothe, M.*, *Brünig, H.*, und *Eppert, G.*, J. prakt. Chemie [4] 8 (1959), S. 323. *Rothe, M.*, Acta chim. Acad. Sci. hung. **18** (1959) S. 449.
[14] *Rothe, M.*, *Rothe, I.*, *Brünig, H.*, und *Schwenke, K. D.*, Angew. Chemie **71** (1959) S. 700.
[15] *Ziegler, K.*, in: Houben-Weyl, Methoden der organischen Chemie, Bd. IV/2. 4. Aufl. Stuttgart: Thieme 1955, S. 729 bis 822.
[16] *Wieland, Th.*, und *Ohly, K.*, Liebigs Ann. Chemie **605** (1957) S. 179.
[17] *Morozova, E. A.*, und *Zenodarova, S. M.*, Dokl. Akad. Nauk SSSR (Ber. Akad. Wiss. UdSSR) **125** (1959) S. 93; Ž. obšč. Chimii (Z. allgem. Chemie) **31** (1961) S. 45.
[18] *Brünig, H.*, Diplomarbeit Halle 1956.
[19] *Rothe, M.*, Habilitationsschrift Halle 1960.
[20] *Schwenke, K.-D.*, Diplomarbeit Halle 1959.
[21] *Anderson, G. W.*, und *McGregor, A. C.*, J. amer. chem. Soc. **79** (1957) S. 6182
[22] *Anderson, G. W.*, *McGregor, A. C.*, und *Young, R. W.*, organic Chem. **23** (1958) S. 1236. *Anderson, G. W.*, Annal. N. Y. Acad. Sci. **88** (1960) S. 676.
[23] *Anderson, G. W.*, *Blodinger, J.*, und *Welcher, A. D.*, J. amer. chem. Soc. **74** (1952) S. 5309.
[24] *Anderson, G. W.*, *Blodinger, J.*, *Young, R. W.*, und *Welcher, A. D.*, J. amer. chem. Soc. **74** (1952) S. 5304.
[25] *Anderson, G. W.*, und *Young, R. W.*, J. amer. chem. Soc. **74** (1952) S. 5307.
[26] *Young, R. W.*, *Wood, K. H.*, *Joyce, R. J.*, und *Anderson, G. W.*, J. amer. chem. Soc. **78** (1956) S. 2126.
[27] *Schramm, G.*, und *Wissmann, H.*, Chem. Ber. **91** (1958) S. 1073. *Erlanger, B. F.*, und *Kokowski, N.*, J. organic Chem. **26** (1961) S. 2534.
[28] *Schwenke, K.-D.*, Faserforsch. u. Textiltechn. **15** (1964) 6, S. 266—272.
[29] *Kunde, J.*, Dissertation T. H. Aachen 1959.
[30] *Reindel, F.*, und *Hoppe, W.*, Naturwiss. **40** (1953) S. 221; Chem. Ber. **87** (1954) S. 1103.

Rydon, H. N., und *Smith, P. W. G.*, Nature London **169** (1952) S. 922.
[31] *Hoßbach, R.*, Dissertation Halle 1962; *Rothe, M.*, und *Hoßbach, R.*, Makromol. Chemie **70** (1964) S. 150.
[32] *Kosolapoff, G. M.*, Organophosphorus Compounds. New York, Wiley & Sons 1950.
Doak, G. O., und *Freedmann, L. D.*, Chem. Rev. **61** (1961) S. 36.
[33] *Schwenke, K.-D.*, Faserforsch. u. Textiltechnik, im Druck.
[34] *Rothe, I.*, und *Rothe, M.*, Makromol. Chemie **68** (1963) S. 206.
[35] *Lipmann, F.*, Advances in Enzymology **1** (1941) S. 99; Fed. Proc. **8** (1949) S. 597.
Wieland, Th., und *Pfleiderer, G.*, Advances in Enzymology **13** (1957) S. 235.
[36] *Chantrenne, H.*, Nature, London **160** (1947) S. 603; **164** (1949) S. 576; Biochim. Biophys. Acta. **2** (1948) S. 286.
Sheehan, J. C., und *Frank, V. S.*, J. amer. chem. Soc. **72** (1950) S. 1312.
[37] *Katchalsky, A.*, und *Paecht, M.*, J. amer. chem. Soc. **76** (1954) S. 6042.
[38] *Bentler, M.*, und *Netter, H.*, Z. physiol. Chemie **295** (1953) S. 362.
Keller, H., *Netter, H.*, und *Niemann, B.*, ebd. **313** (1958) S. 244.
[39] *Cramer, F.*, und *Gärtner, K. G.*, Chem. Ber. **91** (1958) S. 1562.
[40] *Cosmatos, A.*, *Photaki, I.*, und *Zervas, L.*, Chem. Ber. **94** (1961) S. 2644.
[41] *Lord Todd, A.*, Proc. chem. Soc., London (1962) S. 199.
[42] *Arbusov, A. E.*, und *Alimov, P. J.*, Izv. Akad. Nauk SSSR, Otd. chim. Nauk (Nachr. Akad. Wiss. UdSSR, Abt. chem. Wiss.) (1951) S. 409.
[43] *McCombie, H.*, *Saunders, B. S.*, und *Stacey, G. S.*, J. chem. Soc., London (1945) S. 380.
[44] *Nylen, P.*, Ber. dtsch. chem. Ges. **57** (1924) S. 1029.
[45] *Lucas, H. J.*, *Mitchell, F. W.*, und *Scully, C. N.*, J. amer. chem. Soc. **72** (1950) S. 5491.
[46] *Rexroth, E.*, Dissertation Heidelberg 1955.

Eingegangen am 5. März 1964

Zur Titration saurer Gruppen in Rein- und Copolymeren des Acrylnitrils

7. Mitteilung zur Analytik der Polyacrylnitrilfasern[1])

Burkart Philipp, Hans Reichert, Annemarie Tryonadt und Volker Gröbe
Deutsche Akademie der Wissenschaften zu Berlin, Institut für Faserstoff-Forschung in Teltow-Seehof

DK 678.745.32:677.494.745.32:543.257.1

Bei systematischen Untersuchungen zur Potentiometrie von in DMF gelösten Rein- und Copolymeren des Acrylnitrils wurden die Einflüsse der Polymerisationsmethode (Fällungspolymerisation mit Redoxsystem $S_2O_8^{--}$/$S_2O_5^{--}$/Fe^{++} in H_2SO_4 bzw. mit $K_2S_2O_8$ oder H_2O_2, Lösungspolymerisation in DMF mit AIBN), der Cokomponente (ungesättigte Carbon- und Sulfonsäure bzw. deren Na-Salze, vornehmlich Na-Allylsulfonat), sowie der Probenvorbehandlung (Heiß- und Kaltwasserextraktion, Umfällung in Säure, Ionenaustausch mit HCl bzw. NaCl in wäßriger Suspension des Polymeren) geprüft und die Titrationsergebnisse gegebenenfalls den elementaranalytisch bestimmten Schwefelwerten gegenübergestellt. Der Versuch einer Deutung der gefundenen Potentialverläufe wird mitgeteilt.

О титровании кислотных групп в гомо- и сополимерах акрилонитрила
7-ое сообщ. из серии работ по аналитике полиакрилонитрильных волокон

При систематических исследованиях по применению потенциометрического метода для изучения растворенных в ДМФ гомо- и сополимеров акрилонитрила было испытано влияние следующих факторов: метода полимеризации (суспензионная полимеризация с применением окислительно-восстановительной системы $S_2O_8^{--}$/$S_2O_5^{--}$/Fe^{++} в H_2SO_4, $K_2S_2O_8$ или H_2O_2 в качестве инициатора, полимеризация в растворе ДМФ с азоизобутиронитрилом); сомономера (ненасыщенная карбоновая или сульфоновая кислота, соответственно их натриевые соли, главным образом, аллилсульфонат натрия) и вида предварительной обработки пробы (экстракция горячей и холодной водой, переосаждение в кислоту, ионообмен с HCl или NaCl в водной суспензии полимера). Результаты титрования сопоставлялись в отдельных случаях с найденным при элементарном анализе содержанием серы. Сделана попытка толкования найденного хода изменения потенциала.

On the Titration of Acid Groups in Homo- and Copolymers of Acrylonitrile
7 th Comm. on the Analysis of Polyacrylonitrile Fibres

With homo- and copolymers of acrylonitrile dissolved in DMF systematic investigations concerning potentiometric behaviour of these polymers were performed, covering the influence of polymerization reaction (precipitation polymerization with redox-system $S_2O_8^{--}$/$S_2O_5^{--}$/Fe^{++} in H_2SO_4, and with $K_2S_2O_8$ or H_2O_2 respectively, solution polymerization with AIBN in DMF), of comonomer (unsaturated carbonic and sulfonic acids resp. their Na-salts, especially Na-allylsulphonate), and of pretreatment of the sample (extraction with hot and cold water, reprecipitation in acid, cation exchange with HCl or NaCl in an aqueous suspension of the polymer). If necessary, potentiometric results are compared with sulphur-content of samples, determined by elemental-analysis. An interpretation of the titration diagramms „potential versus NaOH consumed" is given.

1 Einführung und Zielsetzung

Die Veröffentlichungen zur potentiometrischen Titration von Vinylpolymeren befassen sich in erster Linie mit dem Polyelektrolytverhalten von Substanzen wie Polyacrylsäure oder Polystyrolsulfosäure in wäßriger Lösung, während Arbeiten mehr analytischer Zielsetzung wie etwa einer Bestimmung geringer Mengen saurer oder basischer Gruppen in wasserunlöslichen Rein- und Copolymeren nur vereinzelt vorliegen. Für Polyacrylnitril wurden uns bisher nur zwei derartige Publikationen bekannt: *Glenz* und *Beckmann* [1] erwähnen bei ihren Untersuchungen zum Färbeverhalten von Polyacrylnitrilfasern die Möglichkeit einer potentiometrischen Titration saurer Gruppen mittels Glaselektrodenmeßkette sowohl in Acrylnitrilhomopolymerisaten wie auch

[1]) 6. Mitt. s. [8].

in Copolymeren mit Acrylsäure. Für ein damals handelsübliches „Dralon"polymerisat wurde ein Wert von 40×10^{-6} Äquivalenten/g[2]) ± 10% angegeben. Mit einer analogen Methodik ermittelte *Fester* [2] in vier verschiedenen Rein-Polyacrylnitrilfasern einen Gehalt an sauren Gruppen zwischen 29 und 41 μÄ/g mit einem relativen Fehler von ca. ± 2%.

Ziel der eigenen Arbeiten war eine Charakterisierung von Acrylnitrilcopolymeren mit saurer Cokomponente durch potentiometrische Titration der sauren Gruppen. Hierbei erwies es sich als notwendig, die dem Katalysator entstammenden sauren Gruppen gegebenenfalls mit zu berücksichtigen, d. h. Homopolymere zum Vergleich heranzuziehen und den Einfluß verschiedener Initiatorsysteme gegenüberzustellen, wie auch die bei unterschiedlicher Vorbehandlung der Proben möglichen Ionenaustauschvorgänge („Versalzung" und „Entsalzung" der sauren Gruppen) zu untersuchen.

Nach einigen Vorbemerkungen zur experimentellen Methodik soll über die systematischen Untersuchungen zur Titration saurer Gruppen in Acrylnitrilpolymeren berichtet und auf einige Folgerungen hingewiesen werden, die sich hinsichtlich der analytischen wie der färberischen Beurteilung solcher Polymerisate ergeben.

2 *Bemerkungen zur experimentellen Methodik*

2.1. *Zur Herstellung und analytischen Charakterisierung der Polymerisate*

Über die Herstellung der hier vorwiegend verwendeten, mit $S_2O_8^{--}/S_2O_5^{--}/Fe^{++}$ initiierten Redox-Fällungspolymerisate wurde in dieser Zeitschrift bereits berichtet [3], ebenso über die Gewinnung von Lösungspolymerisaten in Dimethylformamid mit AIBN[3]) als Initiator (4). Die Herstellung der mit $K_2S_2O_8$ in Schwefelsäure bzw. mit H_2O_2 in schwefelsaurem oder essigsaurem Medium gestarteten Fällungspolymerisate erfolgte analog unseren „Redoxpolymerisaten", nur bei entsprechend höherer Temperatur (70 °C statt 30 °C) und unter Stickstoff, worüber experimentelle Einzelheiten an anderer Stelle mitgeteilt wurden [5]. Der Anteil der Cokomponente — verwendet wurden Allylsulfonat, Methallylsulfonat, Styrolsulfonat, Allylsulfat, Acrylsäure, Methacrylsäure und Itaconsäure — lag im allgemeinen zwischen 0 und 10 Gew.% im Monomerengemisch, nur in wenigen Serien wurde der gesamte Bereich zwischen 0 und 100% saurer Komponente in Betracht gezogen. Soweit nicht anders angegeben, wurden die Polymerisate nach der Herstellung durch Filtration abgetrennt bzw. die Lösungspolymerisate in Methanol ausgefällt, dann auf einer Glasfritte gründlich mit kaltem destilliertem Wasser gewaschen, im Vakuum-Trockenschrank bei ca. 60 °C 30 h getrocknet und in diesem Zustand für die potentiometrische Titration eingesetzt.

Der Schwefelgehalt wurde komplexometrisch [6] nach *Schöniger*verbrennung oder mit Hilfe der von uns entwickelten Reduktionsmethode mit anschließender potentiometrischer Endbestimmung des Sulfids [7] ermittelt.

2.2 *Zur Durchführung der potentiometrischen Titration*

Polymereinwaagen zwischen 10 und 500 mg (im allgemeinen ca. 100 mg) wurden in 40 ml bidestilliertem DMF[4]) bei einer Temperatur von maximal 40 °C gelöst und anschließend sofort mit n/100 NaOH (alkoholischer Lsg.) titriert. Die Verwendung von n/100 Tetraäthylammoniumhydroxyd als Maßlösung brachte hinsichtlich Lage und Steilheit der Potentialsprünge keine anderen Ergebnisse. Ein Arbeiten unter Stickstoff zwecks Ausschluß des CO_2 der Luft erwies sich in Übereinstimmung mit Angaben von Fester [2] als nicht notwendig; ein Blindwert des Lösungsmittels wurde — soweit erforderlich — berücksichtigt. Bei wasserlöslichen Polymeren mit sehr hohem Anteil der sauren Komponente wurde die Einwaage zunächst in wenig (ca. 1 ml) Wasser gelöst und dann mit 40 ml DMF aufgefüllt, bzw. auch eine verdünnte wäßrige Lösung des Polymeren vergleichsweise mittitriert, wobei in Anbetracht des hohen Gehaltes an sauren Gruppen eine n/10 Maßlösung verwendet wurde. Eine punktweise Aufnahme der Titrationskurve unter Verwendung einer Glaselektrodenmeßkette mit zwei Calomelableitelektroden und eines pH-Meßverstärkers war sehr langwierig und brachte nur schlecht auswertbare Potentialsprünge bei unbefriedigender Reproduzierbarkeit. Nach einigen Vorversuchen wurde daher ausschließlich ein registrierendes Anzeigeinstrument („Potentiograph E 336" der Fa. Metrohm/Herisau (Schweiz)) in Verbindung mit der zugehörigen Einstab-Glaselektrodenmeßkette benutzt. Die Titriergeschwindigkeit blieb zwar ohne Einfluß auf den Titriermittelverbrauch bis zum Äquivalenzpunkt, jedoch nahm die Steilheit der Potentialsprünge bei hohen Geschwindigkeiten beträchtlich ab, so daß zweckmäßigerweise meist mit „Geschwindigkeitsstufe 2 bis 2,5" (zunehmende Geschwindigkeit entsprechend Stufenskala 1 bis 10) gearbeitet wurde. Bei Verwendung einer Kolbenbürette von 5 ml Inhalt und einem Titriermittelverbrauch von 0,5 bis 3 ml dauerte eine Titration ca. 5 bis 20 min; die Reproduzierbarkeit bei Doppelbestimmungen lag zumeist bei 2% oder besser.

3 *Systematische Untersuchungen zur potentiometrischen Titration saurer Gruppen*

Im folgenden werden zunächst die Ergebnisse mit einfach gefällten, gewaschenen und getrockneten Polymerisaten (vergl. 2.1) behandelt, und dann auf den Einfluß zusätzlicher Extraktionen und Umfällungen auf den Gehalt an sauren Gruppen, sowie auf die im heterogenen System durchgeführten Ionenaustauschversuche eingegangen. Die in den Tabellen angeführten Beispiele sind dabei jeweils als typisch für ein weitaus umfangreicheres experimentelles Material anzusehen.

3.1 *Titration von Polymerisaten ohne besondere Vorbehandlung*

3.1.1 *Acrylnitrilpolymere ohne saure Co-Komponente*

Unter den hier angewandten Titrationsbedingungen wurde bei sämtlichen Polymerisaten ein reproduzierbarer einwandfrei auswertbarer Potentialsprung bei — 220 bis — 260 mV gefunden, während Anfangspotential und Potentialverlauf vor diesem Sprung vom jeweiligen Polymerisat und z. T. auch von der Probenmenge (Einwaage) abhingen (vergl. Bild 1). Stellt man anhand der in Tabelle 1 zusammengefaßten Beispiele den Titriermittelverbrauch bis zu diesem Äquivalenzpunkt (umgerechnet auf % Schwefel unter der Annahme, daß dieser in Form von $-SO_3H$-Gruppen vorliegt) dem elementaranalytisch bestimmten Schwefelgehalt gegenüber, so zeigen sich deutliche Unterschiede zwischen den verschiedenartig hergestellten Homopolymerisaten des Acrylnitrils: Bei den unter Verwendung von AIBN als Initiator hergestellten Lösungspolymerisaten ist der etwa 5 μÄ/g entsprechende NaOH-Verbrauch beim Titrieren zwar sehr gering, aber immer noch signifikant höher als der Blindwert des reinen Lösungsmittels bzw. einer Lösung von monomerem Acrylnitril in DMF oder eines Gemisches von AIBN und DMF nach thermischer

[2]) 10^{-6} Äquivalente/g im folgenden als „μÄ/g" abgekürzt

[3]) AIBN im folgenden als Abkürzung für Azobisisobuttersäurenitril verwendet.

[4]) DMF im folgenden als Abkürzung zur Dimethylformamid verwendet.

Tabelle 1. Titration von Acrylnitrilhomopolymeren

Proben-bezeichnung	Herstellung des Polymerisats	Ergebnisse der potentiom. Titration				% S gefunden durch Elementar-analyse	Differenz in μ Ä/g zwischen potentiom. Titration u. Elementaranalyse
		μ Ä/g bis 1. Sprung	μ Ä/g 1.—2. Sprung	μ Ä/g Gesamt-verbrauch	Gesamt-verbrauch % S als $-SO_3H$		
L 1 a	Lösungspolymerisat (Initiator: AIBN)	0	6	6	0,020	< 0,005	5
RP 2	Fällungspolymerisat (Initiator: $H_2O_2/H_2SO_4/Na_2SO_4$)	0	17	17	0,054	0,009	14
RP 4	Fällungspolymerisat (Initiator: H_2O_2)	(5)	51	56	0,176	< 0,005	55
RP 01 BW	(Fällungspolymerisat (Initiator: H_2O_2 in Essigsäure)	0	20	20	0,070	0,030	11
223	Fällungspolymerisat, Laboransatz (Initiator: $S_2O_8^{--}/S_2O_5^{--}$ in H_2SO_4, pH 2)	0	44	44	0,140	0,097	14
R 100/XII	Fällungspolymerisat, Technikumsansatz (Initiator: $S_2O_8^{--}/S_2O_5^{--}$ in H_2SO_4, pH 2)	7	58	65	0,211	0,165	13
Ac S 57	Fällungspolymerisat mit 12% Vinylacetat (Initiator: $S_2O_8^{--}/S_2O_5^{--}$ in H_2SO_4, pH 2) Mit H_2O extrahiert	5	43	48	0,151	0,120	12
R 750	Fällungspolymerisat (Initiator: AIBN in Wasser)	0	19	19	0,060	< 0,005	19

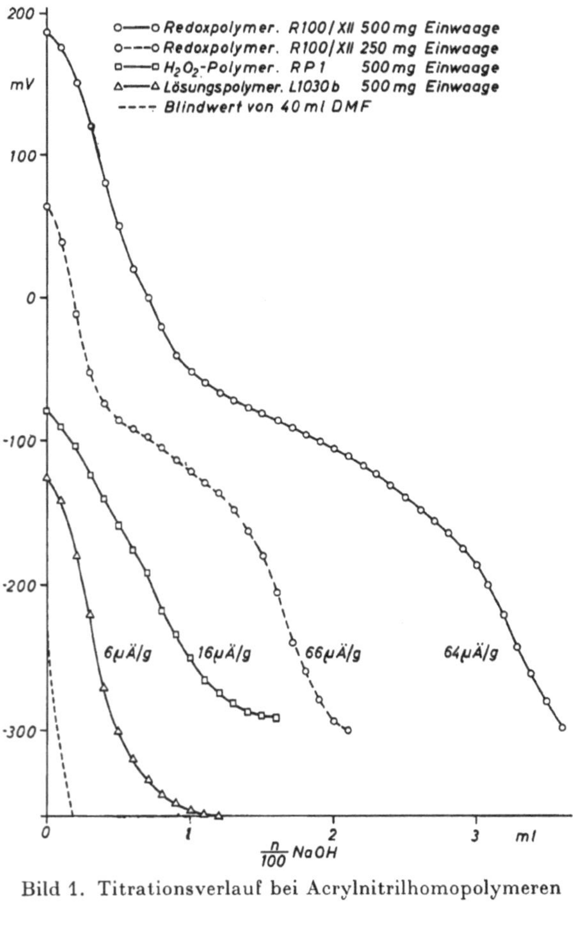

Bild 1. Titrationsverlauf bei Acrylnitrilhomopolymeren

Zersetzung, während der elementaranalytisch bestimmte S-Gehalt mit < 0,003% an der unteren Nachweisgrenze unserer Methodik liegt und offensichtlich auf Spurenverunreinigungen der verwendeten Chemikalien zurückzuführen ist. Bei Verwendung von AIBN als Starter und Wasser als Reaktionsmedium werden Fällungspolymerisate gewonnen, die gleichfalls schwefelfrei sind, aber erheblich mehr saure Äquivalente aufweisen (15 bis 20 μÄ/g) als die Lösungspolymerisate mit DMF als Reaktionsmedium. Die mit H_2O_2 in Essigsäure oder in Schwefelsäure hergestellten Ansätze enthalten ebenfalls sehr wenig Schwefel (0,005 bis 0,03%), der Gehalt an sauren Gruppen bzw. mit NaOH titrierbaren sauren Beimengungen ist jedoch mit Werten zwischen 10 und 60 μÄ/g wesentlich höher und schwankt ziemlich stark zwischen verschiedenen Proben. Bei den Redoxfällungspolymerisaten ($S_2O_8^{--}/S_2O_5^{--}$ in H_2SO_4) schließlich finden wir sowohl einen hohen Wert für die Anzahl der in DMF titrierbaren sauren Äquivalente (20 bis 75 μÄ/g, zumeist 30 bis 50 μÄ/g), wie auch für den elementaranalytisch ermittelten Schwefelgehalt, der je nach Umsatzgrad und Auswaschbedingungen (vgl. Abschnitt 3.2) zwischen 0,05 und 0,25% liegen kann. Bei allen hier untersuchten Proben sowohl der Lösungspolymerisate wie auch der mit H_2O_2 bzw. $S_2O_8^{--}/S_2O_5^{--}$ gestarteten Fällungspolymerisate werden mehr saure Äquivalente potentiometrisch titriert, als dem elementaranalytisch bestimmten Schwefelgehalt entspricht, wenn man diesen auf $-SO_3H$ umrechnet. Man muß also annehmen, daß entweder die Proben von der Aufbereitung her hartnäckig saure Verunreinigungen (z. B. H_2SO_4) festhalten, was jedoch auf Grund der später zu behandelnden Ionenaustauschversuche mit HCl unwahrscheinlich ist, oder daß die Polymerketten selbst noch andere, schwefelfreie saure Gruppen enthalten. Dafür würde sprechen, daß gerade für die bei höherer Temperatur, also unter aggressiven Bedingungen, mit H_2O_2 polymerisierten Proben die Differenz zwischen „potentiometrischem" und „elementaranalytischem"-S-Gehalt besonders groß ist. Während bei Lösungspolymerisaten grundsätzlich nur ein Potentialsprung auftritt und bereits das Anfangspotential bei ziemlich negativen Werten (ca. —100 mV) liegt, finden wir für Redox-Fällungspolymere bei höheren Einwaagen (Bild 1) ein wesentlich positiveres Anfangspotential (+ 100 bis + 200 mV) und zumindest die Andeutung eines weiteren Potentialsprungs mit einem Äquivalenzpotential zwischen 0 und + 100 mV. Der Titriermittelverbrauch bis zu diesem ersten Potentialsprung beträgt ca. 8 bis 15% des Gesamtverbrauchs. Redoxfällungscopolymere mit Vinylacetat oder Acrylsäureester zeigen etwa den gleichen Potentialverlauf wie ein Homopolymeres aus Acrylnitril. In einer spinnfeuchten WOLPRYLA-Faser, die anschließend erst 36 h mit Leitungswasser, dann weitere 36 h mit H_2O dest. behandelt und dann an der Luft getrocknet wurde, fanden wir in Übereinstimmung mit dem von *Hendrix* und *Fester* für DRALON angegebenen Wert 30 bis 35 μÄ/g Faser entsprechend 0,11% Schwefel, wobei im Gegensatz zu den bisher betrachteten Proben der elementaranalytisch bestimmte S-Gehalt mit 0,13% S etwas über dem potentiometrisch titrierten Wert lag, also offenbar durch das lange Wässern mit sehr hartem Leitungswasser eine teilweise „Versalzung" saurer Gruppen erfolgte.

3.1.2 Copolymere mit Carboxylgruppen

Auf die Möglichkeit einer potentiometrischen Titration von Carboxylgruppen in ACN[5])-Copolymeren hatten bereits *Glenz* und *Beckmann* [1] hingewiesen. Unsere Lösungspolymerisate enthielten Acrylsäure, Methacrylsäure oder Itaconsäure in Mengenanteilen zwischen 2,5 und 100% im Monomerengemisch. Sie wurden nach der Herstellung in 5- bis 10%ige wäßrige HCl gefällt und mit H_2O neutral gewaschen. Beim Titrieren der in DMF gelösten Polymerproben mit Acrylsäure und Methacrylsäure als Cokomponente trat in allen Fällen ein reproduzierbarer, gut ausgeprägter Potentialsprung zwischen — 300 und — 350 mV auf, bei dessen Auswertung ein Blindwert des Lösungsmittels zumeist berücksichtigt werden mußte. Die Anfagspotentiale lagen zwischen —40 und +40 mV (vgl. a. Bild 2). Bei Proben mit hohem Carboxylgehalt (> 10000 μÄ/g; theoret. Wert für reine Polyacrylsäure 13900 μÄ/g) konnten die Titrationsverläufe in DMF und in Wasser verglichen werden. Die Äquivalenzpunkte stimmten gut überein, während sich im Potentialverlauf insofern Unterschiede zeigten, als in DMF-Lösung reproduzierbar bei etwa 45% des Gesamtverbrauchs ein flacher Sprung zwischen — 130 und — 180 mV angedeutet war, in Wasser jedoch die Titrationskurve nur *einen* Wendepunkt aufwies und der zugehörige Potentialsprung auch weniger steil war als in DMF. Mit Itaconsäure wurden bei sonst ähnlichem Potentialverlauf flachere, aber noch auswertbare Sprünge erhalten bei etwa dem gleichen Äquivalenzpotential wie mit Acrylsäure als Cokomponente.

[5]) ACN im folgenden als Abkürzung für Acrylnitril verwendet.

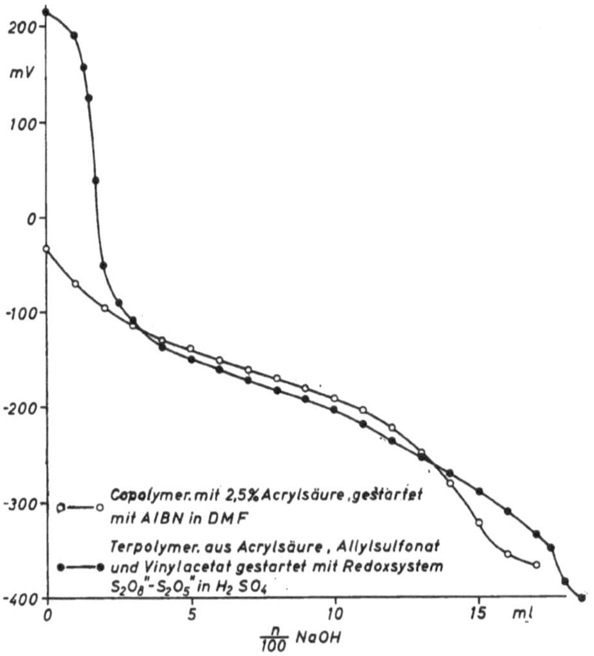

Bild 2. Titrationsverlauf bei Acrylnitrilcopolymeren mit Carboxylgruppen

Einige vergleichsweise herangezogene Fällungspolymerisate (Initiator: $S_2O_8^{--}/S_2O_5^{--}$ in H_2SO_4), die Anteile zwischen 2,5 und 30% Acrylsäure im Monomerengemisch enthielten, ergaben bei der Titration denselben, offenbar für —COOH-Gruppen unter unseren Meßbedingungen typischen Potentialsprung bei —350 mV und entsprachen auch im Anfangspotential den Lösungspolymerisaten, wenn die *unbehandelten* Proben gegenübergestellt wurden. Unterschiede zeigen sich jedoch im Anfangsverlauf der Kurven nach Behandlung der Polymerproben mit wäßriger HCl im heterogenen System und anschließendem Neutralwaschen (vgl. Abschnitt 3.2.3): Bei den Lösungspolymerisaten blieb das Anfangspotential praktisch unverändert, bei den Redoxpolymeren stieg es jedoch auf über + 100 mV an, und es trat zusätzlich ein sehr positiver, also weit im sauren Bereich liegender Potentialsprung auf.

3.1.3 Copolymere mit Sulfogruppen

Redoxfällungspolymerisate mit Anteilen von 1 bis 10% Na-allylsulfonat zeigen beim Titrieren in DMF-Lösung einen ähnlichen Potentialverlauf wie die entsprechenden Acrylnitrilhomopolymeren, nämlich zwei Potentialsprünge mit Äquivalenzpotentialen zwischen 0 und — 50 mV bzw. zwischen — 210 und — 250 mV. Im Gegensatz zu den Homopolymeren war jedoch der erste Potentialsprung wesentlich ausgeprägter, und das Anfangspotential lag mit Werten zwischen + 100 und + 200 mV merklich höher (Bild 3). Der bis zum ersten Sprung erforderliche Prozentanteil vom Gesamtverbrauch an NaOH stieg sowohl mit zunehmender Einwaage als auch bei Erhöhung des Sulfonatanteils deutlich an, während der Gesamtgehalt an sauren Äquivalenten je g von der Probenmenge unabhängig war und mit dem Sulfonatgehalt zunahm.

Für eine größere Serie mit verschiedenen Initiatorsystemen bis zu unterschiedlichen Umsatzgraden poly-

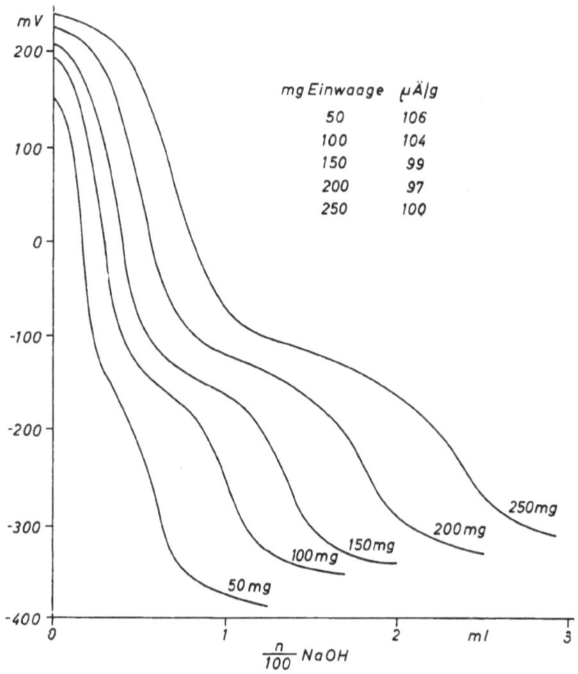

Bild 3. Titrationsverlauf bei verschiedenen Einwaagen eines Copolymeren aus Acrylnitril, Vinylacetat und Allylsulfonat, polymerisiert mit Redoxsystem Persulfat-Bisulfit in H_2SO_4

merisierter Proben ergab sich ein statistisch gesicherter Zusammenhang (linearer Korrelationskoeffizient 0,90) zwischen Gesamtverbrauch an Titriermittel in μÄ/g und Prozent-Anteil dieses Verbrauches bis zum ersten Potentialsprung, der bei hohem Gesamtverbrauch von 200 μÄ/g und mehr Werte von etwa 60% erreichte (Bild 4). Es sind also offensichtlich in den Copolymerisatproben zwei verschieden stark saure Komponenten vorhanden, wobei der relative Anteil der stärker sauren mit dem Gehalt an saurer Cokomponente ansteigt. Diese an normal gewaschenen und keiner weiteren Vorbehandlung unterzogenen Polymerproben erhaltenen Titrationsergebnisse lassen zunächst die Frage offen, ob es sich dabei um funktionelle Gruppen unterschiedlicher Acidität an der Polymerkette selbst oder um saure niedermolekulare Beimengungen neben nur einer Art saurer Gruppen an den Ketten handelt.

Bei Verwendung von freier Allylsulfonsäure, Na-Methallylsulfonat oder K-Styrolsulfonat als Cokomponente, wie auch bei ternären Polymerisaten aus Acrylnitril, Acrylsäureester und Na-allylsulfonat wurden im Titrationsverhalten keine Unterschiede festgestellt gegenüber den bisher besprochenen Polymerisaten aus Acrylnitril und Na-allylsulfonat. Bei Lösungscopolymerisaten mit Na-allylsulfonat war der erste positivere Potentialsprung ebenfalls schwach angedeutet, zumeist jedoch gar nicht vorhanden, indem das Anfangspotential bereits bei etwa -100 mV lag.

Im allgemeinen beträgt bei Copolymeren mit Allylsulfonat der durch potentiometrische Titration erfaßte (Gesamtverbrauch bis zum zweiten Potentialsprung) und auf % S umgerechnete Gehalt an sauren Gruppen nur 40 bis 70% des elementaranalytischen Gesamtschwefelwertes (Tabelle 2). Ein je nach Polymerisations- und Waschbedingungen verschieden hoher Anteil an

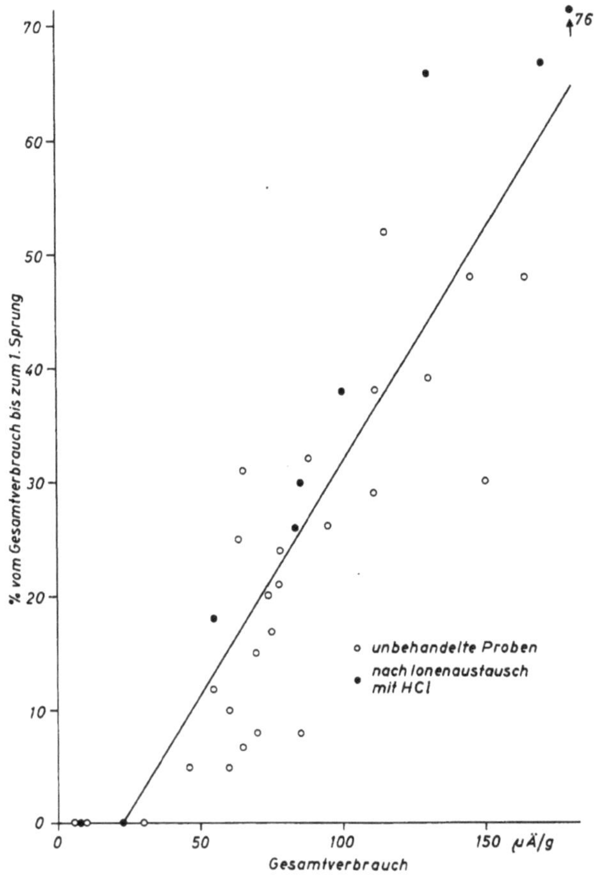

Bild 4. Zusammenhang zwischen Titriermittelverbrauch bis zum ersten Potentialsprung (in % des Gesamtverbrauches) und Gesamtverbrauch bei Redoxhomopolymeren und Copolymeren mit Allylsulfonat

sauren Gruppen liegt also im neutralisierten, „versalzten“ Zustande vor, wobei dieser „Versalzungsgrad“ bei der Lösungspolymerisation besonders hoch ist und bei idealer Führung von Polymerisationsreaktion und Aufarbeitung eigentlich 100% betragen müßte, da vom neutralen Na-allylsulfonat ausgegangen und in einem neutralen Medium polymerisiert wurde. Wenn dennoch ein größerer Anteil an titrierbaren sauren Gruppen gefunden wird, so dürften hierfür in erster Linie Ionenaustauschvorgänge beim Fällen und Waschen verantwortlich sein.

Neben Copolymeren mit $-SO_3H$-Gruppen wurden vergleichsweise einige Proben von Redox-Fällungspolymerisaten untersucht, die 5 bzw. 10% (im Monomergemisch) Allylschwefelsäure $CH_2=CH-CH_2-O-SO_3H$ als saure Cokomponente enthielten. Obwohl nicht das neutrale Salz, sondern der saure Halbester eingesetzt wurde und die Polymerisation wie üblich im schwefelsauren Medium stattfand, wurde der erste positivere Potentialsprung hier nicht beobachtet (Anfangspotential -100 mV), während der zweite, negativere Sprung mit einem Äquivalenzpotential von -250 mV gut ausgeprägt war und sich ohne Schwierigkeiten auswerten ließ. Die Probe mit 10% Allylschwefelsäure (auf Monomerengemisch bezogen) ergab einen Titrationswert von 94 μÄ/g entsprechend 0,300% S als $-O-SO_3H$, während der analytische Schwefelgehalt

Tabelle 2. Vergleich der durch potentiometrische Titration und durch Elementaranalyse bestimmten Schwefelgehalte von Copolymerisaten

Proben-bezeichnung	Probenzusammensetzung (%-Angaben auf Monomergemisch bezogen)	Proben-herstellung	Potentiometrische Titration Gesamt-verbrauch μ Ä/g	entsprech. % S als $-SO_3H$	% S durch Elementar-analyse
L 3	92% ACN 6% Vinylacetat 2% Allylsulfonat	AIBN Lösung	55	0,175	0,477
L 1031 W	98% ACN 2% Allylsulfonat	AIBN Lösung	7	0,025	0,267
AcS 86 W	90% ACN 10% Allylsulfonat	Redox-Fällung $S_2O_8^{--}/S_2O_5^{--}$	111	0,355	0,600
RP 017	50% ACN 50% Allylsulfonat	Redox-Fällung $S_2O_8^{--}/H_2SO_4$	94	0,302	1,68

mit 0,250% etwas niedriger lag. Möglicherweise muß hier schon bei der Titration selbst mit einer gewissen Verseifung der recht labilen Estergruppen gerechnet werden, was diesen Mehrverbrauch zwanglos erklären würde.

Ein ternäres Redox-Fällungspolymeres aus Vinylacetat, Allylsulfonat und Acrylsäure (Bild 2) zeigte beim Titrieren in DMF 2 gut ausgeprägte Potentialsprünge bei $\sim + 50$ mV und $- 350$ mV, von denen der zweite offensichtlich auch hier den Carboxylgruppen zuzuordnen ist, während der erste unserer Auffassung nach den Gehalt an freien Sulfonsäuregruppen angibt und mit dem „positiveren Sprung" unserer Copolymeren aus Acrylnitril und Allylsulfonat übereinstimmt.

3.2 Einfluß einer verschiedenartigen Vorbehandlung auf den Titrationsverlauf bei ACN-Homopolymeren und bei Copolymeren mit Sulfogruppen

Als Ausgangsmaterial dienten vor allem die in wäßrigem Medium durch Redoxfällungspolymerisation mit Persulfat-Bisulfit gewonnenen Homopolymeren sowie Copolymere mit 1 bis 10% Cokomponente (auf Monomerengemisch bezogen), wobei in erster Linie Allylsulfonat, daneben Methallylsulfonat und Allylschwefelsäure eingesetzt wurden. Außerdem zogen wir einige Lösungspolymerisate mit und ohne Allylsulfonatanteil heran, von denen Proben jeweils in H_2O oder in wäßriger Mineralsäure ausgefällt wurden, während die Fällungspolymerisate nach Abfiltrieren mit H_2O säurefrei gewaschen und an der Luft getrocknet wurden. Wir prüften nun den Einfluß folgender Vorbehandlungen:

1. Extraktion mit heißem und kaltem Wasser;
2. Lösen in DMF und Umfällen in 5%iger wäßriger HCl;
3. Ionenaustausch durch Behandlung mit 1 n wäßriger NaCl-Lösung;
4. Ionenaustausch durch Behandlung mit wäßriger HCl im Überschuß im heterogenen System.

Bei den Behandlungsarten 1 und 3 wurden jeweils das an der Luft getrocknete, behandelte Polymere, wie auch der anfallende Extrakt titriert. Bei Behandlung nach 2 und 4 wurde anschließend mit dest. H_2O neutral gewaschen und die Probe nach Trocknen an der Luft titriert.

3.2.1 Einfluß einer Wasserextraktion auf Schwefelgehalt und Titrationsverlauf

Bei einigen durch Fällungspolymerisation mit $S_2O_8^{--}/S_2O_5^{--}/Fe^{++}$ als Redoxsystem in H_2SO_4 hergestellten Acrylnitrilhomopolymeren hatten wir in anderem Zusammenhang festgestellt, daß durch eine Heißwasserextraktion der Schwefelgehalt der Probe beträchtlich

Tabelle 3. Einfluß einer Heiß- oder Kaltwasserextraktion auf Schwefelgehalt und Laugenverbrauch von Polyacrylnitrilproben

Bezeichnung der Probe	Zusammensetzung der Probe	Vorbehandlung der Probe		Potentiometrische Titration μ Ä/g gesamt	davon % bis 1. Sprung	% S errechn.		% S durch Elementaranalyse	
R 100/XII	100% ACN	unbehandelt		65	12	0,209		0,165	
		24 h Kaltwasser extr.	Rückst.	62	18	0,197	0,200	0,132	0,151
			Extrakt	1	—	0,003		0,019	
		Heißwasser extr. Soxhlet 95 °C/7 h	Rückst.	43	6	0,136		0,085	
			Extrakt	0	—	—		—	
AcS 86 W	90% ACN 10% Sulfonat	unbehandelt		112	38	0,355		0,530	
		24 h Kaltwasser extr.	Rückst.	106	38	0,336	0,355	0,488	0,537
			Extrakt	6	—	0,019		0,049	
		Heißwasser extr. Soxhlet 95 °C/7 h	Rückst.	74	0	0,236		0,459	
			Extrakt	0	—	—		—	

abnimmt [8]. Es war zu erwarten, daß sich durch eine solche Behandlung auch der NaOH-Verbrauch bei der potentiometrischen Titration (µÄ/g) und gegebenenfalls das Verhältnis $\frac{\%\ \text{S errechnet aus NaOH-Verbrauch}}{\%\ \text{S elementaranalytisch bestimmt}}$ änderte. Tabelle 3 zeigt entsprechende Ergebnisse an Redox-Homopolymeren und -Copolymeren mit Allylsulfonat.

Eine Kaltwasserextraktion verringert sowohl die Anzahl der titrierbaren sauren Äquivalente als auch den analytischen S-Gehalt, und zwar nimmt letzterer stärker ab als der Titriermittelverbrauch. Die Analysendaten der wäßrigen Extrakte sprechen dafür, daß auch neutrale, schwefelhaltige, niedermolekulare Substanzen wie Na_2SO_4 oder noch vorhandenes Na-allylsulfonat beim Extrahieren entfernt werden, wodurch gleichzeitig infolge Wegfallens einer gewissen Pufferwirkung der erste Potentialsprung beim extrahierten Polymeren schon bei kleiner Einwaage deutlicher in Erscheinung tritt, und daß zweitens dieser erste Potentialsprung offensichtlich nicht auf vom Herstellungs- und Aufarbeitungsprozeß herrührende sorbierte Mineralsäure bzw. Allylsulfonsäure zurückzuführen ist, sondern tatsächlich von sauren Gruppen an der Polymerkette herrührt.

Durch eine längere Heißwasserextraktion werden elementaranalytischer S-Gehalt und der Laugenverbrauch bei der potentiometrischen Titration noch wesentlich stärker verringert als nach Behandlung mit kaltem Wasser (Bild 5), wobei wir, ungeachtet der starken Aciditätsabnahme im Rückstand, zumeist völlig neutral reagierende Extrakte erhielten.

3.2.2 Einfluß einer vorherigen Umfällung des Polymeren in wäßriger Mineralsäure auf den Titrationsverlauf

Durch die in Tabelle 4 zusammengefaßten Untersuchungen sollte geprüft werden, inwieweit mittels Umfällung aus 2%iger DMF-Lösung in 5%iger wäßriger

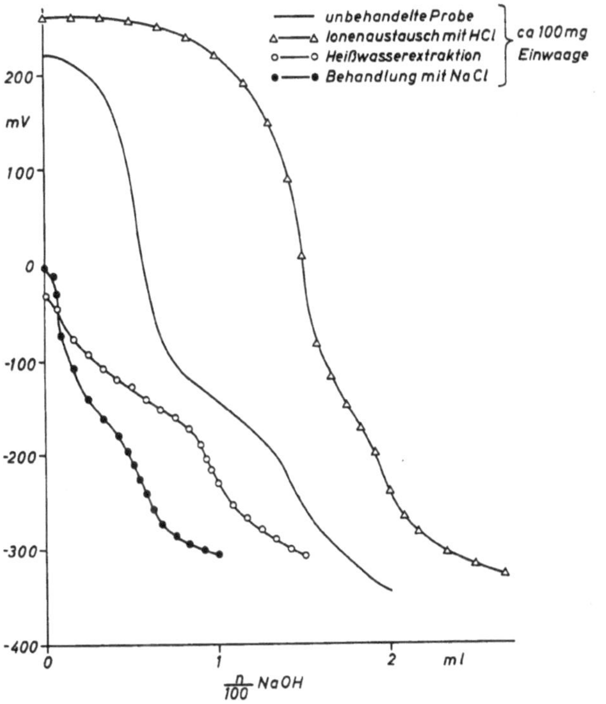

Bild 5. Titrationsverlauf bei dem Copolymerisat „AcS 86 W_1" (10% Allylsulfonat im Monomergemisch) nach unterschiedlicher Vorbehandlung

HCl eine Entfernung niedermolekularer Verunreinigungen und gleichzeitige Freisetzung (Entsalzung) von Sulfonsäuregruppen möglich ist und andererseits im wieder ausgefällten Probenmaterial trotz anschließender Neutralwäsche freie Mineralsäure hartnäckig sorbiert bzw. eingeschlossen wird, die dann natürlich bei einer anschließenden Titration in DMF-Lösung zu hohe Gehalte an sauren Gruppen vortäuschen würde.

Tabelle 4. Einfluß einer sauren Umfällung auf den Schwefelgehalt und die Anzahl titrierbarer saurer Äquivalente bei verschiedenen Polymerisaten

Probenbezeichnung	Probenzusammensetzung und -herstellung	Vorbehandlung	Potentiometrische Titration				% S elementaranalytisch	Bemerkungen
			µ Ä/g gesamt	% bis 1. Sprung	Anfangspotential (mV)	% S errechnet		
R 100/XII	100% ACN Redox $S_2O_8^{--}/S_2O_5^{--}$	unbehandelt	65	12	+100	0,201	0,165	2 Sprünge
		in 5% HCl umgefällt Neutralwäsche	59	35	+160	0,189	0,075	2 Sprünge
L 1030	100% ACN Lösung AIBN	unbehandelt	8	0	−170	0,027	<0,005	1 Sprung
		Reaktionslösung direkt in HCl gefällt	223	0	− 80	0,713	<0,005	1 Sprung
		in 5% HCl umgefällt Neutralwäsche	24	0	− 90	0,078	<0,005	1 Sprung
AcS 86 W_1	90% ACN 10% Allylsulfonat Redox $S_2O_8^{--}/S_2O_5^{--}$	unbehandelt	111	38	+200	0,355	0,530	2 Sprünge
		in 5% HCl umgefällt	194	64	+230	0,621	0,464	2 Sprünge
L 1031	98% ACN 2% Allylsulfonat Lösung AIBN	in H_2O gefällt unbehandelt	75	0	− 90	0,240	0,524	1 Sprung
		in 5% HCL umgefällt	210	36	+240	0,672		2 Sprünge

Bei Copolymeren mit Allylsulfonat wird durch das Umfällen in Salzsäure auch bei anschließender Neutralwäsche und Trocknung der Probe ihr Gehalt an titrierbaren sauren Äquivalenten stark erhöht; gleichzeitig sinkt der elementaranalytisch bestimmte Schwefelgehalt deutlich ab. Während bei den unbehandelten Proben dieser Schwefelgehalt stets erheblich höher ist als der aus dem Titrationsergebnis auf $-SO_3H$ berechnete, kehrt sich dieses Verhältnis nach dem Umfällen um. Offensichtlich wird hierbei nicht nur die gewünschte „Entsalzung" der Sulfonatgruppen bei gleichzeitiger Entfernung niedermolekularer schwefelhaltiger Beimengungen (Na_2SO_4, $NaHSO_4$ aus dem Redoxsystem, monomeres Allylsulfonat, evtl. auch kurze Polymerketten) erreicht, sondern es erfolgt gleichzeitig eine erhebliche, schlecht reproduzierbare und recht hartnäckige Bindung überschüssiger Mineralsäure an die Polymerprobe, was die Anwendung einer solchen Umfällung zwecks Freisetzung und analytischer Bestimmung der Sulfonatgruppen durch alkalimetrische Titration ausschließt. Besonders deutlich zeigt sich diese Bindung zusätzlicher Säureäquivalente bei dem Lösungshomopolymerisat L 1030, bei dem beim Ausfällen der ursprünglichen Reaktionslösung in HCl ein um mehr als 2 Zehnerpotenzen höherer Titrationswert gefunden wird, als dem analytischen S-Gehalt entspricht. Trotz dieses hohen Titriermittelverbrauchs liegt hier ein recht negatives Anfangspotential von ~ -100 mV vor, und es tritt nur der negativere Potentialsprung bei ~ -230 mV auf, während bei nachträglicher Zugabe geringer Mengen an Mineralsäure oder auch an monomerer Allylsulfonsäure zur DMF-Lösung eines Lösungshomopolymeren stets Anfangspotentiale zwischen + 200 und 300 mV und Äquivalenzpotentiale um 0 mV beobachtet wurden. Bei dem durch Redoxfällungspolymerisation gewonnenen Homopolymeren R 100/XII liegt ebenfalls nach Umfällung in HCl der durch alkalimetrische Titration ermittelte „Schwefelgehalt" über dem elementaranalytisch bestimmten, was hier allerdings auch schon beim unbehandelten Ausgangsprodukt der Fall ist (vgl. Abschnitt 3.1.1). Infolge der gegenüber Allylsulfonat-Copolymeren viel geringeren Anzahl von Sulfogruppen tritt beim Umfällen der „Entsalzungseffekt" gegenüber der Entfernung niedermolekularer, S-haltiger, z. T. saurer Beimengungen zurück, so daß gegenüber den Ausgangswerten nicht nur der analytische S-Gehalt, sondern auch die Zahl der titrierbaren sauren Äquivalente abnimmt.

3.2.3 Versuche zum Ionenaustausch im heterogenen System an sauren Gruppen von Rein- und Copolymeren

Es wurde die Möglichkeit einer quantitativen „Entsalzung" bzw. „Versalzung" saurer Gruppen durch Behandlung der Polymerproben im heterogenen System mit wäßriger Salzsäure bzw. mit NaCl-Lösung geprüft.

Zur Entsalzung wurde — falls nicht anders vermerkt — 1 g der feinpulverisierten Polymerprobe in 50 ml 0,5 n HCl bei Zimmertemperatur stehengelassen, wobei die Dauer der Behandlung normalerweise 2 h betrug. Nach anschließendem Neutralwaschen mit kaltem H_2O dest. auf einem Papierfilter wurde an der Luft getrocknet und dann die Probe wie üblich in DMF gelöst und potentiometrisch titriert (vgl. Tabelle 5 u. Bild 5). Bei allen Redox-Fällungspolymerisaten mit Allylsulfonatzusatz stimmten nach der Säurebehandlung der aus der Titration errechnete und der elementaranalytisch ermittelte Schwefelgehalt recht befriedigend überein, wobei letzterer gegenüber dem Ausgangsmaterial hier meist nur unwesentlich verändert war und nur bei hohen Sulfonatgehalten eine merkliche Abnahme zeigte. Wir möchten annehmen, daß durch die beschriebene Säurebehandlung zumindest bei diesem Typ von Copolymerisaten tatsächlich eine quantitative Entsalzung der Sulfogruppen ohne Bindung zusätzlicher Mineralsäure erfolgt. Gegen den möglichen Einwand, daß vielleicht eine unvollständige Entsalzung infolge begrenzter Accessibilität der Polymerstruktur und eine zusätzliche Säuresorption in den zugänglichen Bereichen einander kompensieren und so eine zufällige Übereinstimmung zwischen titrimetrischem und elementaranalytischem Schwefelgehalt schaffen, sprechen folgende Beobachtungen:

1. Die Übereinstimmung zwischen beiden Schwefelwerten wurde reproduzierbar an einer größeren Probenzahl unterschiedlichen Sulfonatgehaltes gefunden.
2. Mit 0,1 n und 0,5 n HCl wurde der gleiche Entsalzungseffekt erzielt, was in starkem Maße gegen eine Sorption zusätzlicher freier Mineralsäure spricht.
3. Bei einem Lösungshomopolymerisat, das frei von Sulfogruppen war, wurde auch nach einer HCl-Behandlung von einer Woche Dauer keine nennenswerte Erhöhung des Titriermittelverbrauches, d. h. keine nennenswerte HCl-Bindung festgestellt.

Während bei den sulfonathaltigen Redox-Fällungspolymeren eine zweistündige Säurebehandlung zur quantitativen Entsalzung genügt, verläuft der Austausch von $Na^{\cdot}$ gegen $H^{\cdot}$ bei den entsprechenden Lösungspolymerisaten wie auch bei den unter Verwendung von H_2O_2 hergestellten Fällungspolymerisaten wesentlich langsamer, ist allerdings bei L 1031 W und RP 03a nach einer Woche Behandlungsdauer ebenfalls quantitativ erfolgt. Der merkliche Rückgang des elementaranalytisch bestimmten Schwefelgehaltes beim Lösungspolymerisat L 1031 W läßt sich durch ein allmähliches Herauswaschen nicht umgesetzten monomeren Allylsulfonats während der langen Behandlungszeit zwanglos erklären.

Bei Redox-Fällungshomopolymerisaten, z. B. Probe 100/XII, bewirkt die Säurebehandlung wieder in erster Linie eine Entfernung niedermolekularer, schwefelhaltiger Beimengungen, so daß elementaranalytischer und „titrimetrischer" Schwefelgehalt abnehmen. Wenn hier *nach* der Behandlung der unmittelbar bestimmte S-Gehalt erheblich unter dem aus der Titration errechneten liegt, so spricht das u. E. keineswegs gegen unsere Annahme einer „Entsalzung ohne zusätzliche Bindung von HCl", da ja im Ausgangspolymeren wie auch nach Heiß- oder Kaltwasserextraktion ebenfalls ein gegenüber dem elementaranalytisch bestimmten Schwefelgehalt zu hoher Titrationswert gefunden wurde, also offensichtlich außer den zu erwartenden SO_3H-Endgruppen noch schwefelfreie saure Gruppen am Polymeren selbst vorliegen.

Vergleicht man den Potentialverlauf beim Titrieren vor und nach der Entsalzung, so zeigt sich bei den HCl-

Tabelle 5. Einfluß einer Vorbehandlung mit 0,5 n HCl auf den Schwefelgehalt und die Anzahl titrierbarer saurer Äquivalente bei verschiedenen Polymerisaten

Probenbezeichnung	Proben-zusammensetzung und -herstellung	HCl Behandlung	Potentiometrische Titration µ Ä/g gesamt	µ Ä/g bis 1. Spr.	µ Ä/g 1. bis 2. Spr.	% S berechnet aus der Titration	% S elementar-analytisch
L 1030	100% ACN Lösung AIBN	0 180	6 7	0 0	6 7	0,017 0,020	0,003 0,003
RP 01 b W	100% ACN Fällung H_2O_2-Essigsäure	0 2	19 23	0 0	19 23	0,060 0,075	0,030 —
R 100/XII	100% ACN Fällung $S_2O_8^{--}/S_2O_5^{--}$	0 2	66 55	6 10	60 45	0,191 0,145	1,165 0,140
AcMS 71	99% ACN 1% Allylsulfonat Fällung $S_2O_8^{--}/S_2O_5^{--}$	0 2	89 84	27 22	62 62	0,286 0,269	0,262 0,252
AcMS 70	96% ACN 4% Allylsulfonat Fällung $S_2O_8^{--}/S_2O_5^{--}$	0 2	146 175	70 125	76 50	0,465 0,559	0,546 0,564
G 8	94% ACN 6% Allylsulfonat Fällung $S_2O_8^{--}/S_2O_5^{--}$	0 2	79 100	17 38	62 62	0,198 0,321	0,351 0,353
AcS 84 W_1	94% ACN 6% Allylsulfonat Fällung $S_2O_8^{--}/S_2O_5^{--}$	0 2	96 120	47 81	49 39	0,307 0,384	0,432 0,403
AcS 86 W_1	90% ACN 10% Allylsulfonat Fällung $S_2O_8^{--}/S_2O_5^{--}$	0 2+ 2++	111 180 179	40 137 137	71 43 42	0,355 0,576 0,572	0,600 0,575 0,562
RP 017	50% ACN 50% Allylsulfonat Fällung $S_2O_8^{--}/S_2O_5^{--}$	0 2	94 489	62 ~480	32 <10	0,302 1,56	1,68 1,54
RP 03a	90% ACN 10% Allylsulfonat Fällung H_2O_2-Essigsäure	0 15 180	50 62 83	3 13 26	47 49 57	0,156 0,197 0,255	0,240 — 0,257
L 1031 W	98% ACN 2% Allylsulfonat Lösung AIBN	0 2 24 180	7 18 27 59	0 0 8 24	7 18 19 35	0,022 0,057 0,085 0,190	0,267 — 0,184 1,179

+) 0,5 n HCl ++) 0,1 n HCl

behandelten Proben höheren Sulfonatgehaltes generell ein Anstieg des Laugenverbrauchs bis zum ersten Potentialsprung, während der Verbrauch zwischen erstem und zweiten Sprung sich meist nur wenig ändert und z. T. sogar sinkt. Auch hier steigt der bis zum „ersten Sprung" benötigte Anteil vom Gesamtverbrauch an Titriermittel mit zunehmendem Gesamtverbrauch an (vgl. Bild 4). Im Einklang damit ließen sich bei einem Allylsulfonat-Homopolymeren, dessen wäßrige Lösung nach Passieren einer Kationenaustauschersäule (Amberlite JR 120 in der H+-Form) mit DMF im Verhältnis 1:40 verdünnt wurde, die gesamten Sulfonsäuregruppen mit *einem* steilen Potentialsprung bei 0 mV titrieren, wobei Titriermittelverbrauch bis zu diesem Sprung und elementaranalytischer Schwefelgehalt einander entsprachen.

Ionenaustauschversuche an Redox-Copolymeren mit Allylsulfat verliefen insofern wenig erfolgreich, als schon nach zweistündiger Behandlung mit 0,1 n HCl bei 0°C der analytische Schwefelgehalt wie auch der Gehalt an titrierbaren sauren Äquivalenten erheblich abgesunken war, also offenbar eine Verseifung von Estergruppen stattgefunden hatte. Festzustellen war trotz dieser Abnahme ein deutlicheres Hervortreten des ersten, positiveren Potentialsprungs.

Quantitative Untersuchungen zur Versalzung saurer Gruppen in Polymeren führten wir durch, indem die Probe (~1 g) in 50 ml 1 m NaCl-Lösung suspendiert und dann die durch Ionenaustausch freigesetzte Säure in bestimmten Zeitabständen mit n/100 NaOH austitriert wurde, wobei wir bei einigen Meßreihen unter Stickstoff arbeiteten, um den Einfluß von CO_2

Tabelle 6. Einfluß einer kombinierten HCl-, NaCl- oder Heißwasserbehandlung auf Schwefelgehalt und Titrationsverlauf von Copolymeren mit Allylsulfonat

Proben-bezeichnung	Behandlung		Potentiometrische Titration				% S errechnet	% S analytisch
			μ Ä/g gesamt	μ Ä/g bis 1. Spr.	μ Ä/g 1. bis 2. Spr.	E_A (mV)		
L 1031 W	unbehandelt		7	0	7	−160	0,022	0,267
Lösungspolym. AIBN	1 Woche 0,5 n HCl		59	24	35	+180	0,190	0,189
2% Allylsulfonat	1 Woche 0,5 n HCl, dann 1 n NaCl 15′	Extrakt	7	—	—	—	0,023	—
	1 Woche 0,5 n HCl, dann im Soxhlet extr. mit H_2O	Extrakt 58 Rückstand 15	73	— 0	— 15	— −90	0,191 0,047 } 0,238	0,233
RP 017	unbehandelt		94	32	62	−130	0,302	1,68
Fällungspolym. $S_2O_8^{--}$ in H_2SO_4	3 h 0,5 n HCl		483	470	13	+230	1,58	1,54
50% Allylsulfonat	3 h 0,5 n HCl, dann 1 n NaCl-Austausch	Extrakt Rückstand	439 33	— 0	— 33	— −100	1,40 0,10 } 1,50	1,54
AcS 86 W_1 Fällungspolym.	unbehandelt		112	38	74	+220	0,358	0,516 0,542
$S_2O_8^{--}/S_2O_5^{--}/Fe^{++}$ 10% Allylsulfonat	2 h 0,5 n HCl		173	128	45	+230	0,554	0,565
	0,5 n HCl — Soxhlet-Extr.	Extrakt Rückstand	pH 8,7 kein Verbrauch 103	 12	 91	— +130	— 0,329	— 0,419
	0,5 n HCl — Soxhlet-Etr. 0,5 n HCl	Rückstand	143	63	80	+180	0,457	0,420
	Soxhlet-Extr. — 0,5 n HCl		170	114	56	+250	0,545	0,493
	0,5 n HCl — 1 m NaCl	Extrakt 108 Rückstand 138	146	—	—	—	0,346 0,121 } 0,467	0,560
	0,5 n HCl — 1 m NaCl — 0,5 n HCl		173	122	51	+200	0,552	0,530
	1 m NaCl — 0,5 n HCl		172	127	45	+200	0,550	0,558

an der Luft auszuschließen. Nach etwa 30 min Reaktionszeit wurde praktisch kaum noch ein Freiwerden und Herausdiffundieren weiterer H˙-Ionen in die wäßrige Phase beobachtet. Zur Bilanzierung des Gehaltes an sauren Gruppen wurde anschließend das Polymere von der austitrierten Lösung abgetrennt, ohne vorheriges Auswaschen an der Luft getrocknet, eine Einwaage in DMF gelöst und wie üblich potentiometrisch titriert, wobei zur Berechnung der separat bestimmte NaCl-Gehalt der Einwaage berücksichtigt wurde. Nach der NaCl-Behandlung war der NaOH-Verbrauch beim Titrieren auf etwa 30 bis 40% des Ausgangswertes abgesunken, soweit zu diesem Ionenaustausch unbehandelte Polymerproben eingesetzt wurden, und es trat bei Anfangspotentialen von etwa — 100 mV nur der negative Potentialsprung bei ∼ — 230 mV auf; d. h. die stärker sauren Gruppen (erster, positiverer Sprung) lagen vollständig versalzt vor. Für die Summe der sauren Äquivalente im Extrakt und Rückstand ergab sich bei diesen Meßreihen ein erhebliches Defizit von 20 bis 30% gegenüber der Ausgangssubstanz. Möglicherweise wurden beim Titrieren der wäßrigen Phase nicht alle im Polymeren in Freiheit gesetzten H˙-Ionen erfaßt und gingen beim anschließenden Trocknen in Gegenwart des großen NaCl-Überschusses als flüchtige HCl verloren. Eine Anwendung dieser Ionenaustauschmethode zur quantitativen Bestimmung freier saurer Gruppen in einer wäßrigen Suspension des Polymeren ist also nicht möglich. Um festzustellen, inwieweit H˙-Ionen und Na˙-Ionen im Polymeren wechselweise gegeneinander ausgetauscht werden können, und ob dieser Austausch mit einem weiteren Inlösunggehen niedermolekularer, schwefelhaltiger, saurer Komponenten verbunden ist, wurden in einigen ergänzenden Meßreihen HCl- und NaCl-Behandlung, sowie Heißwasserextraktion kombiniert (Tabelle 6 und Bild 5). Nach einer Ionenaustauschbehandlung mit wäßriger HCl stimmen in allen Fällen „titrimetrischer" und elementaranalytischer S-Gehalt überein. Führt man vor der HCl-Behandlung noch eine Heißwasserextraktion im Soxhlet durch, so sinkt der elementaranalytische S-Gehalt gegenüber der Ausgangsprobe wieder erheblich ab, während der aus der Titration errechnete Schwefelwert nun um 5 bis 10% *über* dem elementaranalytisch bestimmten liegt. Während sich bei HCl-behandelten Fällungspolymerisaten die sauren Äquivalente zum größten Teil rasch wieder mit NaCl-Lösung durch Na˙ ersetzen lassen, verläuft dieser Austausch beim Lösungscopolymerisat L 1031 W äußerst langsam, ebenso wie die vorangegangene Entsalzung mit HCl. Wie die mit der Probe AcS 86 W_1 durchgeführten Versuche zeigen, verhalten sich unsere Copolymerisate durchaus als Ionenaustauscher von allerdings nur geringer Kapazität, indem Na˙ und H˙ mehrfach gegeneinander ausgetauscht werden können, ohne daß sich der Titriermittelverbrauch für die H˙-Form des Präparats wesentlich ändert. Auch das Verhältnis $\frac{\text{Verbrauch bis zum 1. Sprung}}{\text{Gesamtverbrauch}}$ bleibt nach der ersten

HCl-Behandlung konstant. Offensichtlich erfolgt durch die anschließenden Austauschvorgänge keine weitere Entfernung niedermolekularer, saurer Verunreinigungen mehr, und wir sehen in der Konstanz des Quotienten $\frac{\text{Verbrauch bis 1. Sprung}}{\text{Gesamtverbrauch}}$ zugleich einen erneuten Hinweis darauf, daß die beiden Potentialsprünge tatsächlich funktionellen Gruppen unterschiedlicher Acidität an der Polymerkette selbst entsprechen.

4 Zusammenfassende Diskussion und Schlußfolgerungen

Wenn im folgenden versucht wird, das vielfältige Tatsachenmaterial unter einigen allgemeinen Gesichtspunkten zusammenzufassen, so lassen sich hierbei wohl generelle Tendenzen, aber keine für jedes einzelne Polymerisat unbedingt gültigen Gesetzmäßigkeiten aufzeigen, da bei Polymerisation und Aufarbeitung zu viele Einflußgrößen wirksam sind und diese nicht alle quantitativ und reproduzierbar erfaßt werden können. Außerdem erfordern verschiedene Beobachtungen eine weitere experimentelle Bearbeitung mit einer anderen als der hier angewandten Methodik.

Zunächst sei auf einige analytische Fragen eingegangen. Bei allen hier aufgeführten Polymerisaten ist eine potentiometrische Titration saurer Äquivalente in DMF-Lösung an einer Glaselektrodenmeßkette mit reproduzierbaren, gut auswertbaren Potentialsprüngen möglich, sofern ein automatisches Titriergerät mit registrierender Anzeige zur Verfügung steht, während eine punktweise Aufnahme der Titrationskurve mit diskontinuierlichem Zugeben der Maßlösung nicht zu befriedigenden Ergebnissen führte. Bei sämtlichen Copolymeren mit Sulfonat wie auch bei den unter Verwendung des Initiatorsystems $S_2O_8^{--}/S_2O_5^{--}/Fe^{++}$ in H_2SO_4 hergestellten Fällungs-Homopolymeren traten zwei Potentialsprünge auf, die mit der hier angewandten Meßkette bei $\sim \pm 0$ mV und ~ -230 mV lagen. Bei schwefelfreien Homopolymerisaten (Lösungspolymerisation mit AIBN in DMF, Fällungspolymerisation mit H_2O_2) war nur der zweite, negativere Potentialsprung zu beobachten. Während für die beiden bisher genannten Potentialsprünge ein geringer Blindwert des Lösungsmittels keine Rolle spielt, ist ein solcher bei dem mit 300 bis 350 mV noch negativer liegenden Potentialsprung von Carboxylgruppen auf jeden Fall in Betracht zu ziehen.

Obwohl bei Copolymeren mit Allylsulfonat mit steigendem Gesamtschwefelgehalt der Gehalt an titrierbaren sauren Äquivalenten generell zunimmt, läßt sich kein allgemeingültiger Zusammenhang zwischen Titriermittelverbrauch bis zu einem der beiden Potentialsprünge und dem elementaranalytisch gefundenen Schwefelgehalt angeben. Wegen des je nach Polymerisations- und Waschbedingungen wechselnden Versalzungsgrades einerseits, der Möglichkeit einer adsorptiven Bindung überschüssiger Mineralsäure nach Ausfällen oder Umfällen in einem sauren Medium andererseits, kann die potentiometrische Titration bei Copolymeren mit Allylsulfonat eine Schwefelbestimmung im allgemeinen nicht ersetzen. Inwieweit zur Betriebskontrolle unter Voraussetzung einer weitgehend konstanten Fahrweise von dieser an sich sehr zeitsparenden Möglichkeit Gebrauch gemacht werden kann, müßte erst noch unter betrieblichen Bedingungen geprüft werden. Hingegen ist bei solchen Copolymeren eine „alkalimetrische Schwefelbestimmung" durch potentiometrische Titration dann möglich, wenn die Probe vorher einem Ionenaustausch mit wäßriger Salzsäure unterzogen wurde. Allerdings bringt ein solches Verfahren gegenüber verschiedenen von uns entwickelten Methoden zur Schwefelbestimmung in Polyacrylnitril durch Verbrennung oder Reduktion [6, 7] zeitlich kaum Vorteile. Trotz dieser notwendigen Einschränkungen ist für Homo- und Copolymere des Acrylnitrils das Ergebnis einer potentiometrischen Titration als nützliche analytische Kenngröße anzusehen, die in Verbindung mit einer elementaranalytischen Schwefelbestimmung wertvolle Aufschlüsse über Reinheit und chemische Struktur des Polymeren und im Zusammenhang mit Ionenaustauschversuchen möglicherweise auch hinsichtlich des übermolekularen Baus geben kann. Daß bei Copolymeren mit Allylsulfonat eine Gegenüberstellung von „alkalimetrischem" und „elementaranalytischem" Schwefelwert Rückschlüsse auf den Versalzungsgrad der Probe erlaubt, bedarf keiner weiteren Erörterung, ebenso wie die Möglichkeit, durch Kombination beider Analysenmethoden die Entfernung niedermolekularer Verunreinigungen durch eine Heiß- oder Kaltwasserextraktion genauer zu verfolgen.

Noch aufschlußreicher als bei den Copolymeren mit Allylsulfonat war ein Vergleich von Schwefelgehalt und Titrationsergebnis bei verschiedenartig hergestellten Homopolymeren. Da auch nach gründlicher Wasserextraktion der aus dem Titrationsergebnis auf $-SO_3H$ berechnete Schwefelgehalt stets höher lag als der elementaranalytisch bestimmte, möchten wir annehmen, daß alle diese Homopolymeren eine gewisse Anzahl schwefelfreier saurer Gruppen enthalten, also im Einklang mit unseren früheren Ergebnissen zur Elementaranalyse dieser Polymeren [8] Abweichungen vom idealen Bau der Polyacrylnitrilkette aufweisen. Selbst bei den schwefelfreien, in dem neutralen Medium DMF mit AIBN hergestellten Lösungspolymerisaten scheint dies in geringem Maße der Fall zu sein. Besonders viel solcher „schwefelfreier saurer Gruppen" enthielten Fällungspolymerisate, die mit H_2O_2 gestartet wurden und auf deren abweichendes Verhalten gegenüber Redoxfällungspolymerisaten schon hingewiesen wurde. Möglicherweise begünstigten bei den H_2O_2-Polymerisaten die höhere Polymerisationstemperatur und das verhältnismäßig aggressive Startersystem eine chemische Modifizierung der Polymerkette.

Potentiometrische Titrationen in Verbindung mit einer Ionenaustauschbehandlung oder Umfällung weisen darauf hin, daß neben den besprochenen Abweichungen im chemischen Bau auch Unterschiede in der übermolekularen Struktur zwischen Lösungs-, Redoxfällungs- und H_2O_2-Fällungspolymerisaten vorliegen müssen. Bei Redoxfällungscopolymeren mit Allylsulfonat verlief der Austausch von Na^+ gegen H^+ in wäßriger Suspension des Polymeren wesentlich rascher als bei den entsprechenden Lösungs- oder H_2O_2-Fällungscopolymeren. Dementsprechend lag nach Umfällen oder Ausfällen aus DMF-Lösung in wäßriger HCl die trotz anschließender Neutralwäsche überschüssig gebundene Salzsäuremenge bei den Lösungspolymerisaten besonders hoch. Nach den hier an Polymerisatpulvern erhaltenen Ergebnissen dürfte es aussichtsreich sein, den zeitlichen Verlauf solcher Austauschvorgänge auch an Copolymerisat*fasern*, evtl. unter Verwendung eines stärker quellend wirkenden Mediums (H_2O-DMF-Gemische), zu untersuchen, um vielleicht den Einfluß verschiedener Spinn- und Nachbehandlungsbedingungen auf die Accessibilität eindeutiger und quantitativer zu erfassen, als dies durch Farbstoffaufnahmeversuche möglich ist.

Im Gegensatz zu den bisher aus dem Titriermittelverbrauch im Vergleich zum analytischen Schwefelgehalt unserer Proben gezogenen Schlüssen ist eine Deutung des Potentialverlaufs z. T. noch problematisch. Zunächst muß berücksichtigt werden, daß DMF als Lösungsmittel hinsichtlich der Säurestärke wesentlich besser differenziert als Wasser, also geringen Aciditätsunterschieden relativ große Differenzen im Äquivalenzpotential entsprechen (vgl. [9]). So zeigte die Titrationskurve eines Copolymeren aus Vinylalkohol und Allylsulfonsäure in DMF die erwarteten zwei Potentialsprünge bei ~ 0 mV und $-$ 230 mV, während in Wasser nur ein einziger Sprung beim gleichen Gesamtverbrauch an Maßlösung auftrat. In Dimethylsulfoxyd war die Differenzierung zwischen den beiden Potentialsprüngen eines Copolymeren mit Allylsulfonat zwar noch erkennbar, aber schon wesentlich schlechter, wobei auch hier der Gesamtverbrauch an Titriermittel unverändert blieb.

Von den beim Titrieren unserer Polymerproben in DMF beobachteten Potentialsprüngen bei ~ 0 mV, $\sim -$ 230 mV und $\sim -$ 330 mV läßt sich der letzte, am weitesten im alkalischen Gebiet liegende eindeutig und widerspruchsfrei den in der Polymerkette befindlichen Carboxylgruppen zuordnen, da er stets bei Zusatz einer Vinylcarbonsäure als Cokomponente auftrat und dabei von Polymerisations- und Aufarbeitungsmethodik unbeeinflußt blieb. Die beiden anderen Potentialsprünge sind nicht so spezifisch für das Polymere, sondern treten auch beim Titrieren einiger hier in Frage kommender niedermolekularer Substanzen in Erscheinung: So werden H_2SO_4 (erste Stufe) und monomere Allylsulfonsäure beim ersten, positiveren, $NaHSO_4$ und Dimethylaminhydrochlorid beim negativen Potentialsprung mit erfaßt. Trotzdem erscheint uns auf Grund unserer Auswasch-, Umfäll- und Ionenaustauschversuche die Feststellung gesichert, daß auch nach Entfernung solcher niedermolekularer Verunreinigungen Copolymere mit Allylsulfonat wie auch Redox-Homopolymere (Initiator: $S_2O_8^{--}/S_2O_5^{--}/Fe^{++}$ in H_2SO_4) in DMF zwei Potentialsprünge geben, die sauren Gruppen unterschiedlicher Acidität an den Polymerketten selbst entsprechen.

Hinsichtlich der Natur dieser verschieden stark sauren Gruppen möchten wir die Arbeitshypothese zur Diskussion stellen, daß der positivere Potentialsprung bei $\sim \pm 0$ mV den freien Sulfonsäuregruppen im Inneren der Polymerketten zuzuschreiben ist, während der negativere Sprung mit Potentialen zwischen $-$ 220 und $-$ 270 mV in erster Linie von schwächer sauren Sulfonsäureendgruppen herrührt, und daß daneben bei etwa dem gleichen Äquivalenzpotential gegebenenfalls vorhandene Sulfatestergruppen [10] sowie bei der Herstellung des Polymeren entstandene schwefelfreie saure Gruppen titriert werden. Für diese Auffassung würde sprechen, daß 1. bei „entsalzten" Copolymeren mit hohem Sulfonatanteil bzw. bei Sulfonathomopolymeren nur der positivere Potentialsprung in Erscheinung tritt und hierbei Titriermittelverbrauch und analytischer S-Gehalt einander entsprechen, daß 2. bei Copolymeren geringen Sulfonatgehaltes der prozentuale Titriermittelverbrauch bis zum ersten Sprung mit dem Sulfonatgehalt zunimmt und nach „Entsalzung" mit HCl der NaOH-Gesamtverbrauch bis zum zweiten Potentialsprung wieder mit dem analytischen S-Gehalt übereinstimmt, daß 3. bei Acrylnitril-Homopolymeren nur im Falle der Redoxpolymerisate ein erster positiverer Potentialsprung andeutungsweise vorhanden ist (Einbau von Sulfogruppen aus dem Redoxsystem im Inneren der Kette durch Übertragungsreaktion; ca. 1 Sulfonsäuregruppe auf 2000 bis 5000 Monomerreste), während der zweite Sprung bei allen, auch den schwefelfreien Homopolymeren auftritt, und daß schließlich 4. beim Vergleich verschiedener Fraktionen unterschiedlichen Molekulargewichts aus einem technischen Redox-Fällungshomopolymerisat der Differenzverbrauch zwischen erstem und zweitem Potentialsprung mit steigender Grenzviskosität der Fraktion stark abnahm, während sich der geringe Verbrauch bis zum ersten Sprung nicht signifikant änderte.

Gerade diese letzte Beobachtung weist darauf hin, daß eine weitere experimentelle Prüfung der hier entwickelten Vorstellungen und eine endgültige Klärung der Ursache der beiden Potentialsprünge vielleicht möglich ist durch potentiometrische Titration weitgehend einheitlicher Fraktionen von Homo- und Copolymeren in Verbindung mit einer analytischen Schwefel- und einer osmotischen Molekulargewichtsbestimmung.

Herrn Dr. habil. *J. Ulbricht* danken wir für anregende Aussprachen und wertvolle Hinweise.

Literatur

[1] *Glenz, O.*, und *Beckmann, W.*, Untersuchungen über das Färben von Polyacrylnitrilfasern mit basischen Farbstoffen, I. u. II. Mitt. Melliand Textilber. **38** (1957) S. 296–300; 783–787.
[2] *Fester, W.*, Potentiometrische Titration von Säuregruppen in Polyacrylnitrilfasern. Forschungsber. Nordrhein-Westfalen Nr. 1156 Köln-Opladen: Westdeutscher Verlag 1963.
[3] *Hunyar, A.*, und *Reichert, H.*, Über die Polymerisation von Acrylnitril. Faserforsch. u. Textiltechn. **5** (1954) S. 1–8.
[4] DWP 39c/103313 v. 7. 3. 1964.
[5] *Gröbe, V.*, und *Reichert, H.* Acrylfasern aus binären und ternären Copolymerisaten mit Allyl- bzw. Methallylsulfonat. Faserforsch. u. Textiltechn., im Druck.
[6] *Philipp, B.*, und *Schmidt, J.*, Zur Schwefelbestimmung in Acrylnitrilpolymerisaten. Faserforsch. u. Textiltechn. **13** (1962) S. 472–475.
[7] *Philipp, B.*, und *Dautzenberg, H.*, Über eine abgewandelte Reduktionsmethode zur Bestimmung geringer Schwefelmengen in Acrylnitrilpolymerisaten. Analytica chim. Acta **30** (1964) S. 384–394.
[8] *Philipp, B.*, *Ulbricht, J.*, und *Schmidt, J.*, Zur Elementarzusammensetzung verschieden hergestellter Acrylnitrilpolymerisate. Faserforsch. u. Textiltechn. **15** (1964) 6, S. 260–266.
[9] *Philipp, B.*, und *Tryonadt, A.*, Potentiometrische Untersuchungen zur Reinheitskontrolle von Dimethylformamid. Faserforsch. u. Textiltechn. **14** (1963) S. 188 bis 192.
[10] *Tsuda, Y.*, A Tracer Study of the Persulphate — Bisulphite — Catalysed Polymerization of Acrylonitrile. J. Polymer Sci. **50** (1961) S. 4–7.

Eingegangen am 27. April 1964

Beitrag zum Studium der Strukturveränderungen von Polycaproamidfasern bei Deformationen in der Faserlängsrichtung

IV. Zweistufige Deformation von Polycaproamidfasern bei Temperaturen in der zweiten Deformationsstufe im Bereich von 80 bis 180 °C

Martin Jambrich und Ivan Diačik
Forschungsinstitut für Chemiefasern in Svit, ČSSR

DK 677.494.675'126:677.494.021.64:539.216.1
548.734:535.343—15

Der Einfluß der Temperatur in der zweiten Verstreckungsstufe auf die Erzielung einer maximalen Orientierung wird mit Hilfe der optischen Doppelbrechung und röntgenographisch (durch die Halbwertsbreite des (020) (220)-Reflexes) sowie durch Ultrarot-Absorptionsspektroskopie untersucht. Bei den angewandten Streckgeschwindigkeiten wurde für technische Polycaproamidfasern ein Orientierungsmaximum bei 140 bis 160 °C erzielt. Durch die Wahl geeigneter Bedingungen für die Verstreckung lassen sich gute Fasereigenschaften und ein glatter Deformationsverlauf erreichen.

К изучению изменения структуры поликапроамидных волокон при деформациях в продольном направлении IV. Двухступенчатая деформация поликапроамидных волокон при температурах во второй ступени в пределах от 80 до 180 °С

При помощи оптического (двойное лучепреломление), рентгенографического (измерение полуширины рефлексов (020) (220)) методов, а также путем снятия ИК-спектров поглощения, изучалось влияние температуры во второй ступени вытяжки на достижение максимальной упорядоченности. При примененных скоростях вытяжки для технических волокон из поликапроамида максимум ориентации был достигнут при 140—160 °С. Путем подбора подходящих условий вытяжки можно сочетать получение волокон с хорошими свойствами с устойчивым ходом процесса вытяжки.

*Contribution to the Study of Structural Changes in Polycaproamide Fibres during Deformation in Longitudinal Direction
IV. Two-stage Deformation of Polycaproamide Fibres at temperatures of the Second Deformation Stage in the Range of 80—180 °C*

The influence of temperature in the second drawing stage on the maximal orientation has been investigated by means of birefrigence, x-ray measurements (half width of the reflexes (020) and (220)). and infrared absorption spectroscopy. With the drawing rates used, the maximal orientation has been obtained at 140 and 160 °C for commercial polycaproamide fibres. The choice of appropriate drawing conditions leads to improved fibre properties and unperturbed deformation.

1 *Einleitung*

In unseren vorherigen Arbeiten [1, 2, 3] konnten wir auf einige Faktoren bei der Verstreckung hinweisen, durch die die Gebrauchseigenschaften der technischen Polycaproamidfasern beeinflußt werden. Aus unseren Arbeiten ergab es sich, daß für die Erhöhung der mechanischen Faserwerte eine zweistufige Warmverstreckung wirksamer ist als eine einstufige bzw. eine zweistufige Verstreckung bei normaler Umgebungstemperatur. Wir konnten zeigen, daß es vorteilhaft ist, die Verstreckung in der ersten Streckzone bei normaler Temperatur so durchzuführen, daß dabei ein hochorientiertes Polymersystem mit einer thermodynamisch wenig stabilen molekularen Anordnung resultiert. Die Bildung einer solchen Molekularanordnung in der ersten Verstreckungsstufe wird vorwiegend durch das Streckverhältnis und durch die Temperatur bedingt.

In der zweiten Deformationsstufe, bei der höhere Temperaturen anzuwenden sind, streben wir eine weitere Erhöhung der Orientierung (hauptsächlich in den Bereichen mit dreidimensionaler Anordnung) und eine teilweise Umwandlung der Bereiche mit einer weniger vollkommenen Molekularanordnung in eine thermodynamisch stabilere an. In der zweiten Deformationsstufe muß die Verstreckung deshalb bei höheren Temperaturen durchgeführt werden, denn bei einer normalen Temperatur in der zweiten Deformationsstufe werden keine Bedingungen weder für eine Erhöhung der Orientierung noch für eine tiefere Umwandlung der Molekularanordnung, wie sie in der ersten Deformationsstufe erzielt worden war, geschaffen.

Im vorliegenden Teil unserer Arbeit wollen wir über Strukturänderungen bei verschiedenen Temperaturen in der zweiten Deformationsstufe berichten.

2 *Experimenteller Teil*

2.1 *Herstellung der Faserproben*

Der unverstreckte Faden wurde durch Schmelzen von Polycaproamidschnitzeln (Viskosität in konzentrierter Schwefelsäure $[\eta] = 2{,}5$ und durch Wasser extrahierbarer Anteil von 1,5%) auf einer Schneckenspinnanlage hergestellt. Die Faser wurde mit einem Antioxydationsmittel (Di-β-naphtyl-p-phenylendiamin) stabilisiert. Die Spinngeschwindigkeit wurde auf 420 m/min eingestellt. Der Gesamttiter des unverstreckten Fadens betrug 3850 den. Die Verstreckung wurde auf einer Anlage mit einem zweistufigen kinematischen Schema vorgenommen (Bild 1).

In der ersten Stufe wurde die Verstreckung bei normaler Umgebungs-Temperatur auf ein Streckverhältnis von $\lambda = 3{,}1$ durchgeführt. Dieses Streckverhältnis wurde auf Grund vorher durchgeführter Versuche anhand der Intensität des (002)-Reflexes, der Deformationskurve, des Erweichungspunktes und des Extinktionsverhältnisses der Absorptionsbande E_{965}/E_{980} gewählt. In der zweiten Deformationsstufe wurden die Fadenproben bei Temperaturen von 80 bis 180 °C verstreckt. Bei der Verstreckung wurden gleichzeitig die Fadenspannungen mit Hilfe eines Elektronentensiometers gemessen.

2.2 *Auswertungsmethoden*

Die Orientierung wurde röntgenographisch und mit Hilfe der optischen Doppelbrechung ausgewertet. Die Änderung des Kristallisationsgrades wurde mit Hilfe der Absorptionsspektroskopie auf Grund der Extinktionsänderung des Absorptionsbandes 935 cm^{-1} ausgedrückt. Diese Methoden sind in unseren früheren Veröffentlichungen beschrieben [1].

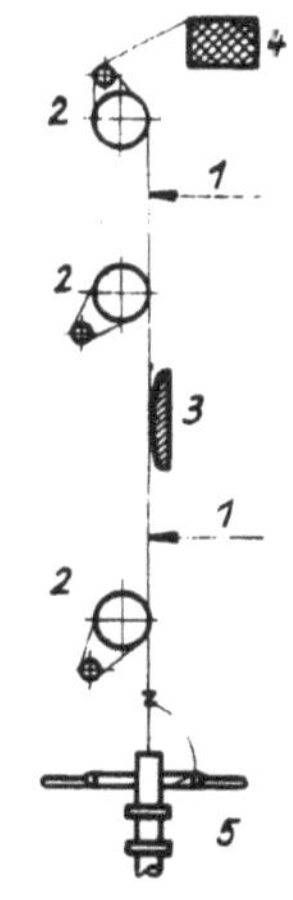

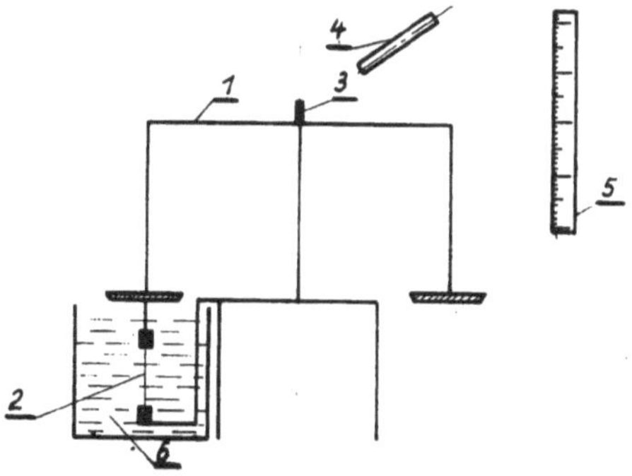

Bild 2. Schema des Meßgerätes zur Bestimmung des Erweichungspunktes von Polycaproamidfasern
1 . . . Waage 4 . . . Beleuchtung
2 . . . eingespannte Fadenproben 5 . . . Meßskala
3 . . . Spiegel 6 . . . Heizmedium

Bild 1. Kinematisches Schema der zweistufigen Verstreckung
1 . . . Meßstellen der Fadenspannung bei der Deformation
2 . . . Galetten 3 . . . beheiztes Bügeleisen
4 . . . Spule mit unverstrecktem Material 5 . . . Aufspulung

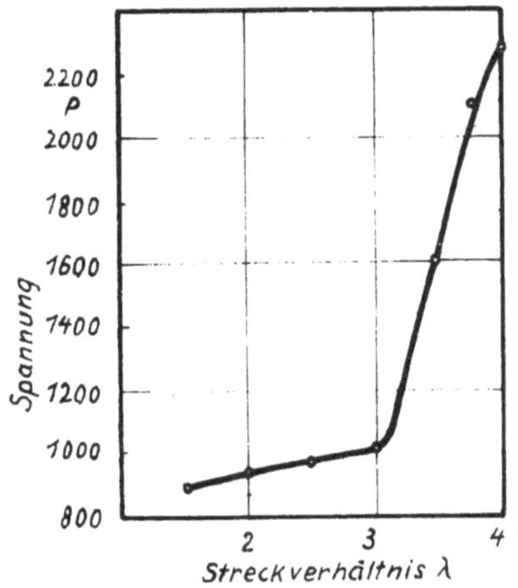

Bild 3. Abhängigkeit der Fadenspannung vom Streckverhältnis in der ersten Deformationsstufe

Der Erweichungspunkt der Faser in Abhängigkeit vom Streckverhältnis in der ersten Deformationsstufe wurde mit Hilfe eines einfachen Meßgerätes bestimmt, das aus einer Doppelarmwaage und einer Einspannvorrichtung besteht. Die Fadenproben wurden mit Silikonöl als Heizmedium erwärmt (Bild 2).

2.3 *Auswertung der Fadenproben*

Die Abhängigkeit zwischen der Fadenspannung und dem Streckverhältnis in der ersten Deformationsstufe ist in Bild 3 aufgezeichnet. Aus dem Verlauf der dynamischen Deformationskurve geht hervor, daß der Grenzpunkt der Fließ- und der Verfestigungszone (natürliches Streckverhältnis) beim Streckverhältnis im Bereich von $\lambda = 3$ liegt.

In Bild 4 ist die Abhängigkeit der Intensität des (002)-Reflexes vom Streckenverhältnis veranschaulicht. Der Intensitätshöchstwert des (002)-Reflexes befindet sich bei $\lambda = 3{,}1$.

Aus der dynamischen Deformationskurve und aus der Intensität des (002)-Reflexes läßt sich das Streckverhältnis in der ersten Deformationsstufe bestimmen. Um die Richtigkeit des aus der dynamischen Deformationskurve und der Intensität des (002)-Reflexes ermittelten Streckverhältnisses in der ersten Deformationsstufe noch weiter nachzulegen, wurde auch die Bestimmung des Erweichungspunktes und der Extinktionsänderung der Absorptionsbande 965 cm^{-1} und 980 cm^{-1} herangezogen. Die auf diese Weise ermittelten Beziehungen sind in Bild 5 und in Bild 6 dargestellt.

Eine merkbare Änderung des Erweichungspunktes erfolgt bei Streckverhältnissen im Bereich von $\lambda = 3$; an dieser Stelle befindet sich auch der Knickpunkt der Kurve, die die Abhängigkeit des Extinktionsverhältnisses der Absorptionsbande 965 cm^{-1} und 980 cm^{-1} und des Streckverhältnisses darstellt.

In Bild 7 und Bild 8 sind die Änderungen in der Orientierung, ausgewertet mit Hilfe der Halbwertsbreite

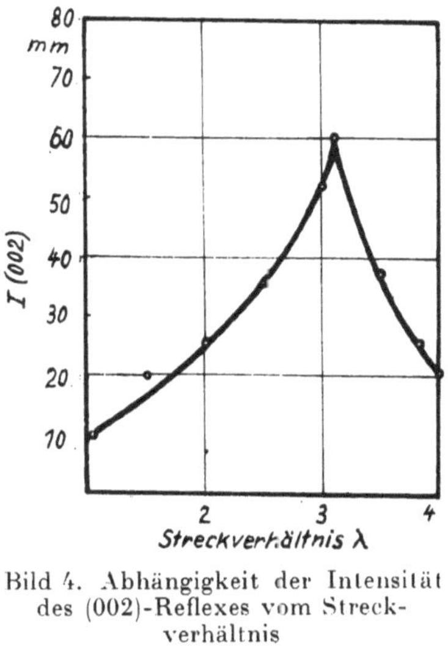

Bild 4. Abhängigkeit der Intensität des (002)-Reflexes vom Streckverhältnis

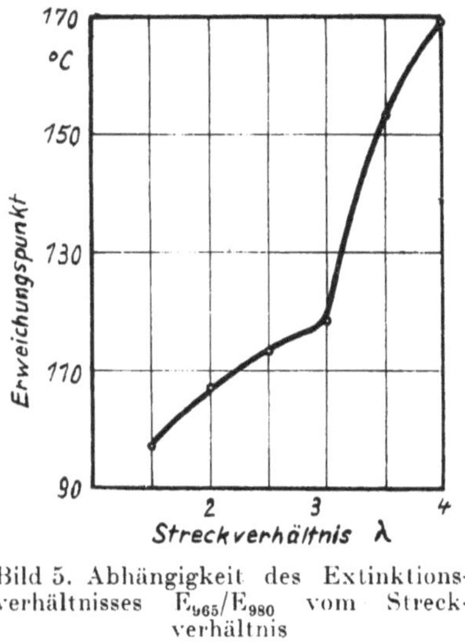

Bild 5. Abhängigkeit des Extinktionsverhältnisses E_{965}/E_{980} vom Streckverhältnis

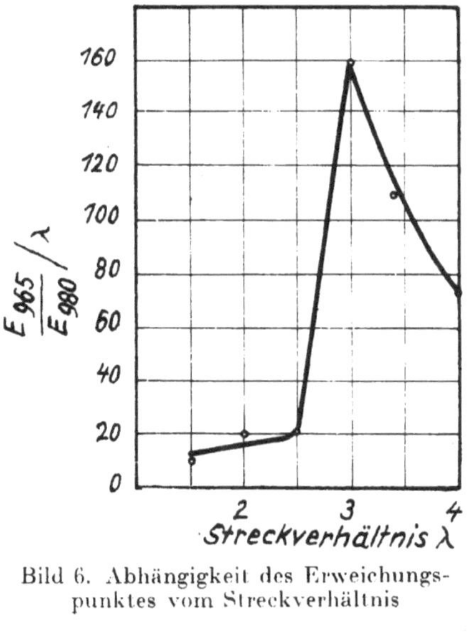

Bild 6. Abhängigkeit des Erweichungspunktes vom Streckverhältnis

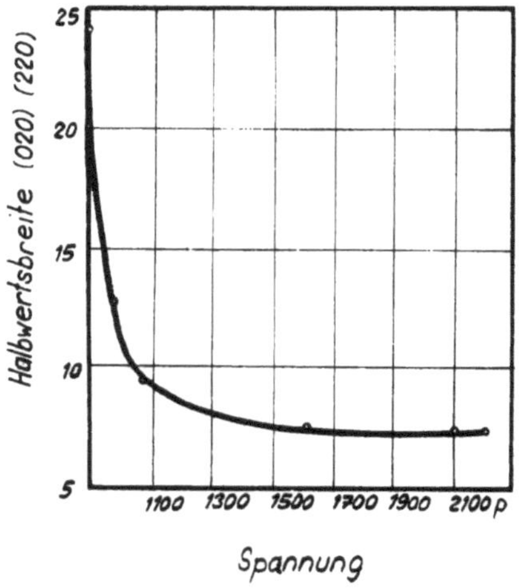

Bild 7. Zusammenhang zwischen Halbwertsbreite und Fadenspannung

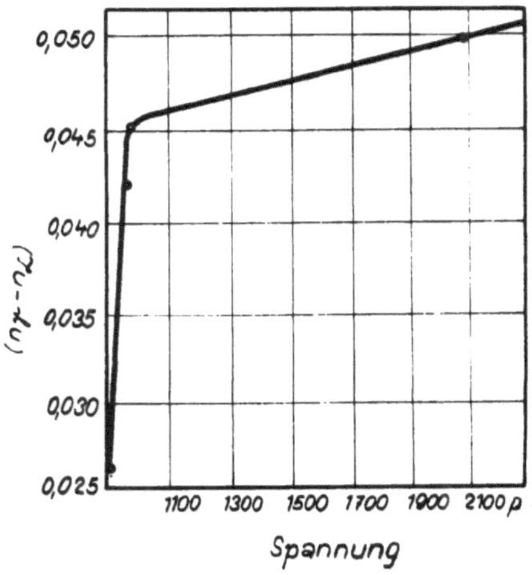

Bild 8. Zusammenhang zwischen der optischen Doppelbrechung und der Fadenspannung

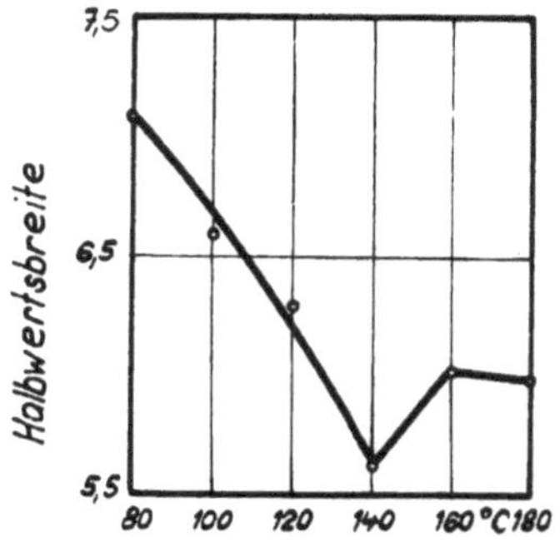

Bild 9. Abhängigkeit der Halbwertsbreite von der Temperatur in der zweiten Deformationsstufe

des (220) (020)-Reflexes und der optischen Doppelbrechung ($n_\gamma - n_\alpha$) in Abhängigkeit von der Fadenspannung bei der Deformation veranschaulicht.

Aus den Beziehungen, wie sie in den Bilden 3 bis 8 graphisch dargestellt sind, geht hervor, daß zwecks Erzielung eines verhältnismäßig hohen Orientierungsgrades und Erhaltung der ursprünglichen Strukturmodifikation in der ersten Deformationsstufe (mit Rücksicht auf unsere Versuchsbedingungen) ein Streckverhältnis von $\lambda = 3$ angewendet werden soll.

Der Einfluß der Temperatur in der zweiten Deformationsstufe auf die Strukturumwandlungen wurde anhand der Änderungen in der Orientierung der Faser röntgenographisch (mittels der Halbwertsbreite) und mit Hilfe der optischen Doppelbrechung bewertet. Zur Verfolgung der Strukturmodifikationsänderung wurde die Ultrarot-Absorptionsspektroskopie herangezogen; dabei wurde die Änderung des Absorptionsbandes 935 cm^{-1} ausgewertet.

Die Abhängigkeit der Halbwertsbreite des (020) (220)-Reflexes von der Temperatur in der zweiten Deformationsstufe ist in Bild 9 aufgezeichnet. Dabei sind die Werte der Halbwertsbreite des (200)-Reflexes nicht aufgetragen, und zwar deshalb, weil die Halbwertsbreite dieses Reflexes den gleichen Verlauf zeigt, wie die Halbwertsbreite des (020) (220)-Reflexes. Aus der Abhängigkeit in Bild 9 geht hervor, daß die höchste Faserorientierung bei einer Temperatur von 140°C erzielt wurde.

Die Änderung der Doppelbrechung in Abhängigkeit von der Temperatur in der zweiten Deformationsstufe ergibt sich aus der graphischen Darstellung in Bild 10 Der Höchstwert der Orientierung anhand der optischen Doppelbrechung, wodurch die mittlere Orientierung zum Ausdruck gelangt, wird bei einer Temperatur von 160°C erzielt.

Aus den Beziehungen zwischen der Halbwertsbreite und der optischen Doppelbrechung geht hervor, daß zur Erzielung einer maximalen Orientierung die in der zweiten Deformationsstufe erforderliche Temperatur in den Grenzen von 140 bis 160°C (bei der gegebenen Verstreckungsgeschwindigkeit) liegen wird.

Die Extinktionsänderung des Absorptionsbandes 935 cm^{-1} in Abhängigkeit von der Temperatur in der zweiten Deformationsstufe ist in Bild 11 angeführt.

Eine Erhöhung der Temperatur in der zweiten Deformationsstufe wirkt sich durch eine Änderung des Widerstandes des Fadens gegenüber Deformationen aus. Die Abhängigkeit der Fadenspannung von der Temperatur ist in Bild 12 wiedergegeben. Aus der Beziehung geht hervor, daß der Widerstand des Fadens gegenüber Deformationen bei Temperaturen oberhalb 120°C stark zurückgeht. Bei einer Temperatur von 180°C erfolgt eine so große Verminderung der Spannung, daß sie niedriger ist als in der ersten Deformationsstufe beim Streckverhältnis von $\lambda = 3$.

3 *Diskussion*

Die zweistufige Verstreckung von technischen Polycaproamidfasern wird durch die Wahl eines optimalen Streckverhältnisses in der ersten Deformationsstufe und

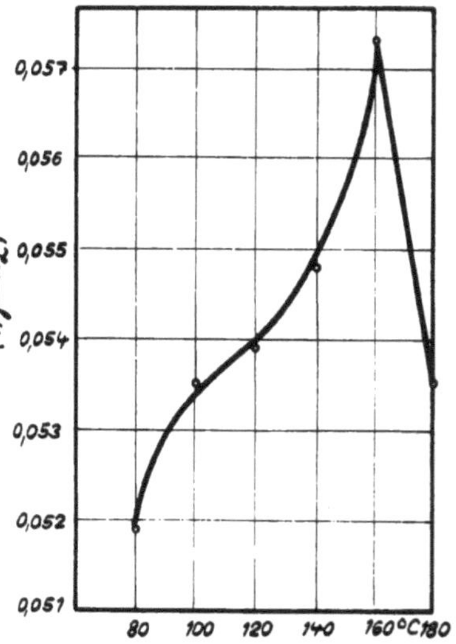

Bild 10. Optische Doppelbrechung in Abhängigkeit von der Temperatur in der zweiten Deformationsstufe

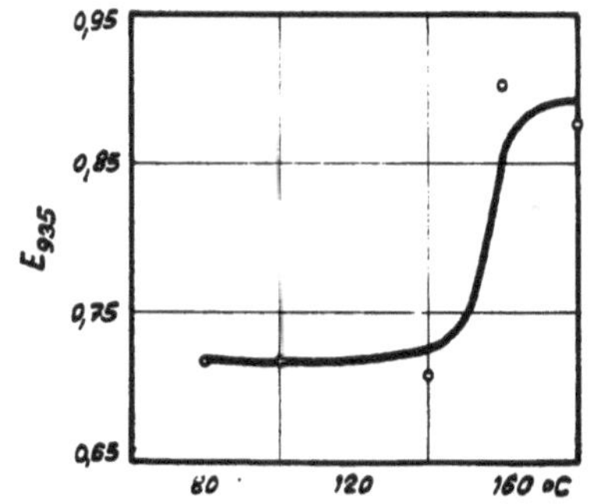

Bild 11. Abhängigkeit der Extinktion des Absorptionsbandes von der Temperatur in der zweiten Deformationsstufe

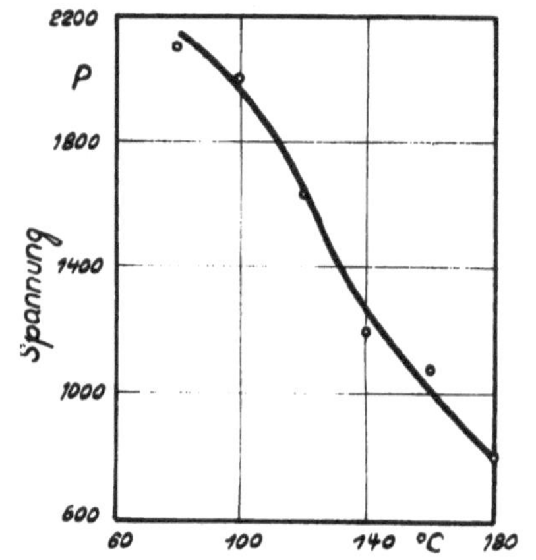

Bild 12. Zusammenhang zwischen der Fadenspannung und der Temperatur in der zweiten Deformationsstufe

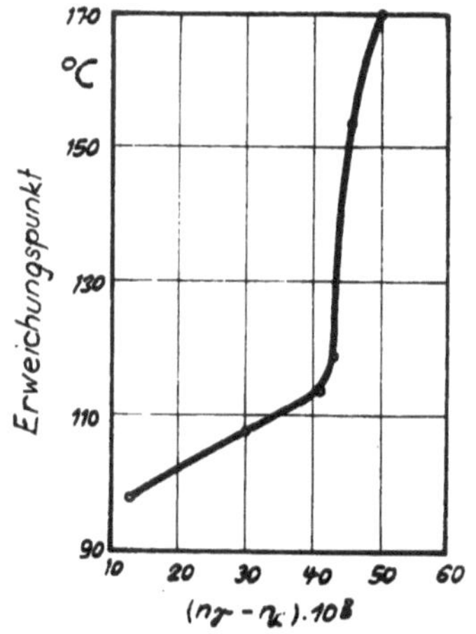

Bild 13. Zusammenhang zwischen dem Erweichungspunkt und der optischen Doppelbrechung

einer optimalen Temperatur in der zweiten Deformationsstufe bedingt.

Bei der Einstellung des geeigneten Streckverhältnisses in der ersten Deformationsstufe stützten wir uns auf die Werte, wie sie sich aus der dynamischen Deformationskurve (Bild 3), aus der Abhängigkeit der Intensität des (002)-Reflexes vom Streckverhältnis (Bild 4), aus der Abhängigkeit des Extinktionsverhältnisses $\frac{E_{965}/E_{980}}{\lambda}$ (Bild 5) und aus der Abhängigkeit des Erweichungspunktes der Faser vom Streckverhältnis (Bild 6) ergaben.

Daß der Erweichungspunkt der Faser vom Streckverhältnis abhängig ist, bestätigt die Richtigkeit der Auffassungen, daß die dynamische Deformationskurve die Strukturänderungen der Faser widerspiegelt, und zwar vorderhand im Grenzpunkt zwischen der Fließ- und der Verfestigungszone (natürliches Streckverhältnis). Der Erweichungspunkt, der durch die Größe der sekundären Kräfte beeinflußt wird, nimmt ganz andere Werte an, falls der Faden auf ein höheres Streckverhältnis als $\lambda = 3$ (in unserem Fall) deformiert wurde. Die Abhängigkeit des Erweichungspunktes vom Deformationsgrad steht in guter Übereinstimmung zur Abhängigkeit der Intensitätsänderungen des (002)-Reflexes. Für die Erzielung eines hoch orientierten Polymersystems mit einer thermodynamisch weniger stabilen Struktur läßt sich der Deformationsgrad nicht nur mit Hilfe der Methoden, die die Änderungen der Strukturmodifikationen charakterisieren (die röntgenographische Methode und die Ultrarotspektroskopie) bestimmen, sondern auch mit Hilfe von Methoden, durch welche die Orientierung der Makromoleküle in Richtung der einwirkenden Kraft (Bild 7 und Bild 8) zum Ausdruck gebracht wird.

Wir konnten beim Studium der Deformation von Polycaproamidfasern häufiger beobachten, daß die optische Doppelbrechung bei Fasern, die ein Intensitätsmaximum des (002)-Reflexes aufweisen, bei 0,040 bis 0,045 liegt. Gleichfalls erhielten wir ganz regelmäßig bei der Auswertung der Orientierung anhand der Halbwertsbreite Werte im Bereich von 8 bis 10° bei Fasern, die in einer Versuchsreihe ein Maximum der Intensität des (002)-Reflexes aufwiesen und die auf einen Deformationsgrad, der dem natürlichen Streckverhältnis entspricht, verstreckt worden sind.

Der Wert der Doppelbrechung in den Grenzen von 0,040 bis 0,045 im Bereich des natürlichen Streckverhältnisses, bei dem eine wesentliche Änderung des Erweichungspunktes erfolgt, wird auch durch die in Bild 13 angeführte Abhängigkeit dargelegt.

Aus dem vorher Angeführten ergibt sich, daß zum Auslösen einer Strukturmodifikationsumwandlung bei der Deformation unverstreckter Polycaproamidfasern bei normaler Umgebungstemperatur eine bestimmte Orientierung der Makromolekülketten in Richtung der einwirkenden Kraft erforderlich ist.

Der Mechanismus des Verstreckungsvorganges in der zweiten Deformationsstufe wird sich vom Mechanismus des Verstreckungsvorganges in der ersten Deformationsstufe merkbar unterscheiden.

In unserem Fall handelt es sich um ein Polymersystem das eine genügend große Orientierung aufweist. Das bedeutet, daß sich in der Deformationsrichtung der größte Teil der zwischenmolekularen Bindungen geltend macht. Um eine weitere Orientierung zu erzielen, ist es notwendig, die sekundären Bindungen zum Teil aufzulösen. Dieser Vorgang wird durch die zugeführte Wärmeenergie erleichtert, durch die der Widerstand der sekundären Bindungen und damit auch des Fadens gegenüber der einwirkenden äußeren Kraft herabgesetzt wird; dies ist tatsächlich auch auf Bild 12 zu sehen.

Aus Bild 9 und Bild 10 kann man entnehmen, daß mit zunehmender Temperatur sich die Orientierung erhöht. Nach Überschreiten des optimalen Temperaturbereiches (140 bis 160 °C) erfolgt bei der gewählten Deformationsgeschwindigkeit wieder ein Rückgang der Orientierung. Dies könnte man auf die Weise erklären, daß durch die zugeführte Energie der Innenwiderstand der zwischenmolekularen Kräfte so stark abgeschwächt wurde, daß im Vergleich zu Temperaturen von 140 bis 160 °C vorwiegend nur eine Retranslation und viel weniger eine Orientierung erfolgt. Je näher man zur Temperatur der Nullfestigkeit gelangt, desto niedriger wird die Orientierung sein, und im Nullfestigkeitspunkt wird sich der Einfluß der äußeren Kraft auf die Orientierung nicht mehr auswirken.

Der Nullfestigkeitspunkt ist durch die Größe der zwischenmolekularen Kräfte bestimmt. Durch die Orientierung der Makromoleküle in eine Richtung werden Bedingungen für eine höhere Packungsdichte und dadurch auch für eine Geltendmachung einer größeren Menge der sekundären Bindungen geschaffen (Bild 6).

Aus der Abhängigkeit in Bild 6 kann man schließen, daß unter Berücksichtigung des Erweichungspunktes und der bei uns verwendeten Deformationsgeschwindigkeiten der Optimalwert der Temperatur in der zweiten Deformationsstufe im Bereich von 140 bis 170°C liegt. Je höher die Deformationsgeschwindigkeit sein wird, d. h. je kürzer der Faden in der Heizzone verweilt und infolgedessen eine niedrigere Wärmeenergiemenge aufnimmt, desto größer wird bei gleichbleibender Temperatur der Widerstand des Fadens gegen die Deformation sein. Aus diesem Grund ist es erforderlich, mit zunehmender Deformationsgeschwindigkeit die Temperatur der Heizzone in der zweiten Deformationsstufe zu erhöhen. Unsere weiteren Versuche zeigten, daß bei einer Steigerung der Deformationsgeschwindigkeit um 100 m/min (im Vergleich zur vorher gewählten Geschwindigkeit) die Temperatur in der zweiten Deformationsstufe um rund 10°C erhöht werden mußte. Zu ähnlichen Schlußfolgerungen gelangten auch andere Autoren [4].

Durch die Zufuhr einer bestimmten Wärmeenergie werden die sekundären Bindungen zum Teil aufgehoben, wodurch eine Rotation der Molekülsegmente eintritt. Infolgedessen können die Molekülketten eine günstigere Raumlage einnehmen und nach dem Abkühlen eine thermodynamisch stabilere Struktur ausbilden. Diese Annahme wird dadurch bekräftigt, daß Fadenproben nach dem Erreichen einer Temperatur von 140°C eine wesentliche Umwandlung der wenig vollkommenen molekularen Anordnung in eine Anordnung mit dreidimensionaler Periodizität zeigten (Bild 11).

Durch die Wahl geeigneter Bedingungen bei der Verstreckung technischer Polycaproamidfasern wird der Gewinn hoher Gebrauchswerte aus dem vorhandenen Polymersystem ermöglicht. Es werden nicht nur gute mechanische Fasereigenschaften erzielt, sondern es wird auch ein glatter Verlauf des Deformationsvorganges ermöglicht, was wieder zu einer vereinfachten Manipulation und zum Herabsetzen der Materialverluste führt.

4 *Zusammenfassung*

Im vorliegenden Teil unserer Arbeit berichteten wir über den Einfluß der Temperatur in der zweiten Deformationsstufe bei der zweistufigen Verstreckung technischer Polycaproamidfasern auf die Erzielung einer maximalen Orientierung, die mit Hilfe der optischen Doppelbrechung und röntgenographisch (durch die Halbwertsbreite des (020) (200)-Reflexes) wie auch durch die Veränderung der Strukturmodifikationen anhand der Ultrarot-Absorptionsspektroskopie und röntgenographisch ausgewertet wurde.

Die Verstreckung in der ersten Deformationsstufe wurde bei einem konstanten Streckverhältnis durchgeführt. Das Streckverhältnis wurde anhand der Deformationskurve, der Intensität des (002)-Reflexes, des Erweichungspunktes und des Extinktionsverhältnisses der Absorptionsbande 965 cm^{-1} und 980 cm^{-1} festgelegt. Die genannten Auswertungen führten einerseits zur Festlegung des Streckverhältnisses in der ersten Deformationsstufe, das dem natürlichen Streckverhältnis entspricht, andererseits zur Bestätigung der Ergebnisse, daß die Orientierung der mit dem natürlichen Streckverhältnis deformierten Fäden, ausgewertet mit Hilfe der optischen Doppelbrechung, im Bereich von 0,040 bis 0,045 liegt, wobei die Halbwertsbreiten Werte von 8 bis 10° aufweisen.

Aus dem Studium des Einflusses der Temperatur auf die Orientierung, ausgewertet mit Hilfe der optischen Doppelbrechung und röntgenographisch, ergab sich, daß die größte Orientierung bei den von uns angewandten Geschwindigkeiten im Temperaturbereich von 140 bis 160°C erzielt wurde. Es wurde gefunden, daß bei sonst gleichbleibender Temperatur durch Steigerung der Verstreckgeschwindigkeit um 100 m/min die Fadenspannung anstieg und daß für die Erzielung einer maximalen Orientierung (ausgedrückt mittels der Doppelbrechung) die Temperatur um rund 10°C erhöht werden mußte.

Zur Frage des Einflusses der Temperatur auf die Umwandlung der ursprünglichen Strukturmodifikation konnten wir feststellen, daß bei der angewandten Deformationsgeschwindigkeit die größten Veränderungen bei Temperaturen von rund 160°C erfolgen.

Durch eine geeignete Einstellung der Bedingungen bei der Verstreckung technischer Polycaproamidfasern wird außer der Erzielung guter mechanischer Fasereigenschaften auch ein guter Verlauf des Deformationsvorganges ermöglicht.

Literatur

[1] *Jambrich, M.*, und *Diačik, I.*, Faserforsch. u. Textiltechn. **12** (1961) 11, S. 522—530.
[2] *Jambrich, M.*, und *Diačik, I.*, Faserforsch. u. Textiltechn. **13** (1962) 4, S. 175—178.
[3] *Jambrich, M.*, und *Diačik, I.*, Faserforsch. u. Textiltechn. **13** (1962) 9, S. 405—414.
[4] *Roth, W.*, und *Schroth, R.*, Faserforsch. u. Textiltechn. **14** (1963) 12, S. 507—516.

Eingegangen am 11. März 1964

Die Berechnung des Orientierungsfaktors der Fasern von orthogonal-kristallographischen Systemen aus einem Paar von paratropen Ebenen (hol)

Josef Černý

Hochschule für Maschinenbau und Textilwesen, Fakultät für Textilwesen, Liberec/ČSSR.

DK 677.494.675'126:548.735.6.001.24

Zur Charakterisierung der axialen Faserorientierung wird der Unterschied der Polarisierbarkeit in zwei Hauptrichtungen der Faser benutzt. Der Orientierungsfaktor f_0 kennzeichnet das Verhältnis dieses Polarisationskoeffizienten der tatsächlichen Faser mit dem der ideal-vollkommenen Faser. Die Berechnung dieser Koeffizienten aus röntgenographischen Messungen von paratropen Ebenen im Gebiet der 3. und 4. parametrischen kristallographischen Symmetrie der Fasern wird behandelt und als Beispiel der Orientierungsfaktor für die Polyamidfaser PA 6 ermittelt.

Расчет фактора ориентации волокон типа ортогональных кристаллографических систем исходя их пары паратропных плоскостей (hol)

Для характеристики аксиальной ориентации волокна было использовано различие поляризуемости волокна в двух основных направления. Фактор ориентации f_0 характеризует отношение коэффициента поляризации реального волокна к таковому идеально-совершенного волокна. Приводится метод расчета этих коэффициентов на основании рентгенографических измерений паратропных плоскостей в области третьей и четвертой параметрической кристаллографической симметрии волокон. В качестве примера приведено определение фактора ориентации полиамидного волокна ПА-6.

The Calculation of the Orientation Factor of Fibres from Orthogonal Crystallographic Systems Composed of a Pair of Paratropic Planes (hol)

The difference of polarizability in the two main directions of the fibre is used for characterizing the axial fibre orientation. The orientation factor f_0 expresses the ratio of the polarization coefficient of the real fibre to that of an ideal, completely ordered fibre. The calculation of these coefficients from x-ray data obtained on paratropic planes in the 3th and 4th parameter region of crystallographic symmetry of the fibres is considered. As an example, the orientation factor of the polyamide fibre PA6 has been determined.

1 Einleitung

Zur Charakterisierung des Orientierungsstandes der Fasern benutzt man gewöhnlich röntgenographische Angaben, Doppelbrechung oder Infrarot-Dichroismus. Die beschriebenen Größen gehen von Erscheinungen aus, die bei der Wechselwirkung der Faser bzw. nur bestimmter Fasergebiete mit der Strahlung verschiedener Wellenlänge entstehen. Als vergleichbares Maß der gänzlichen Orientierung der kristallinen sowie auch der amorphen Fasergebiete können die relativen Werte des Orientierungsfaktors f_0 angenommen werden, der die optische Faseranisotropie durch Polarisierbarkeitskoeffizienten im gegebenen sowie auch idealen Stande kennzeichnet.

Bei der unverstreckten chemischen Faser ist die Verteilung der Kristallite innerhalb der Faser zufällig, ohne gegenseitigen Zusammenhang, so daß die Faser als „polykristallin", von isotropem Charakter erscheint. Durch plastische Deformation beim Verstrecken sind die Kristallite gezwungen, sich in der Richtung der deformierenden Kräfte zu ordnen, so daß es hauptsächlich zur axialen Orientierung mit bestimmtem Ordnungsgrad von Kristalliten in die parallele Richtung mit der Faserachse kommt. Mit Rücksicht auf den Funktionszusammenhang beider Phasen der Faser, der kristallinen und der amorphen, kommt es bei dieser Orientierung nicht nur zur Verlagerung der Kristallite, sondern auch zur eigentlichen Orientierung der Fasermoleküle.

Durch diese progressive Veränderung gegenüber der unverstreckten Faser nimmt die Faser einen anisotropen Charakter an, der sich durch Anisotropie in vielen physikalischen Eigenschaften der Faser kennzeichnet.

Eine sehr bekannte physikalische Eigenschaft der Fasern ist die optische Anisotropie. Die axiale Orientierung bewirkt nämlich, daß die Polarisierbarkeit σ der Fasermoleküle in verschiedenen Faserrichtungen verschieden sein wird. Im allgemeinen könnten in der Faser drei Hauptrichtungen der Kettenpolarisierbarkeit realisiert und die gesamte Polarisierbarkeit der Faser durch ein Ellipsoid mit Halbachsen σ_1, σ_2, σ_3 charakterisiert werden.

Zur Bezeichnung der optischen Anisotropie verwendet man in der Praxis die Polarisierbarkeitskoeffizienten in zwei Hauptfaserrichtungen, und zwar in Richtung der Faserachse $\sigma_{\parallel}$ und in Richtung senkrecht zur Faserachse $\sigma_{\perp}$. Der Unterschied zwischen beiden Polarisierbarkeitskoeffizienten in der Form der proportionalen Werte des Brechungsindexes dient als Maß der Polarisierbarkeitsanisotropie und wird als Doppelbrechung bezeichnet.

2 Die Polarisierbarkeitsanisotropie der Faser

Die als Folge der systematischen Teilung der Ketten innerhalb der Faser gekennzeichnete Polarisierbarkeitsanisotropie der Faser erlaubt, die Genauigkeit dieser Verlagerung quantitativ auszudrücken, wie auch ähnlich die axiale Orientierung einzelner Atomebenen aus röntgenographischen Angaben beurteilt werden kann.

J. Hermans, *H. Hermans*, *Vermaas* und *Weidinger* [1] benutzten die Polarisierbarkeitsanisotropie der Faser zur Bestimmung des Orientierungsfaktors f_0, der als Verhältnis der Polarisierbarkeitsanisotropie der tatsächlichen Faser $\overline{\sigma}_{\parallel} - \overline{\sigma}_{\perp}$ zur Polarisierbarkeitsanisotropie der Faser mit ideal-vollkommener Orientierung der Kristallite $(\overline{\sigma}_{\parallel} - \overline{\sigma}_{\perp})_c$ bestimmt wird:

$$f_0 = \frac{\overline{\sigma}_{\parallel} - \overline{\sigma}_{\perp}}{(\overline{\sigma}_{\parallel} - \overline{\sigma}_{\perp})_c}.$$

Zur Berechnung benutzten sie Cellulosefasern II und die dementsprechenden sehr intensiven Atomebenen A_0 (101), A_3 (101), die von ihnen als zueinander senkrecht ($\psi = 83°$) angenommen wurden. Diese Voraussetzung gilt nicht speziell bei den Fasern der orthogonalen Systeme, bei denen die für die Berechnung des Orientie-

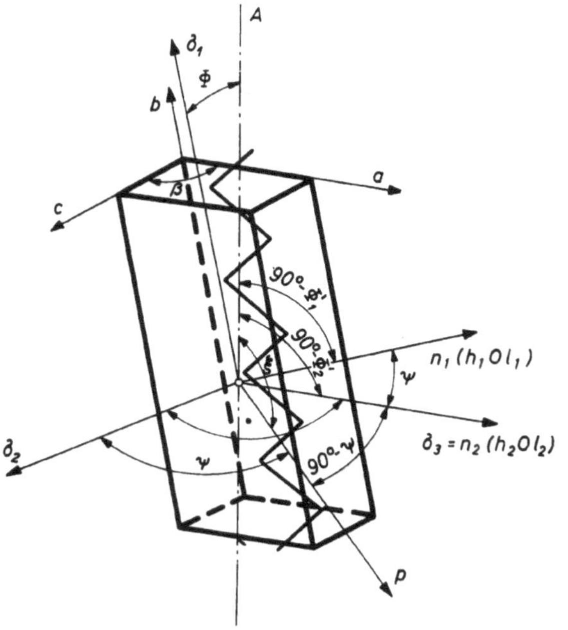

Bild 1. Die allgemeine Lage des Kristallites des monoklinischen kristallographischen Systems in der Faser

rungsfaktors geeigneten paratropen Ebenen miteinander den Winkel ψ bilden, der grundsätzlich ein anderer ist als 90°.

Zur Berechnung des Orientierungsfaktors der Faser nehme man zwei paratrope Ebenen des orthogonalen Systems an (z. B. des monoklinen), die miteinander den Winkel ψ bilden. Der optische Fasercharakter des erwogenen Types wird mit Hilfe eines üblichen Ellipsoides der Polarisierbarkeit mit den Achsen σ_1, σ_2, σ_3 beschrieben. Man schreibe in dieses Koordinatensystem der Achsen den Kristallit so ein, daß die Achse σ_1 in der Richtung der Normalen der diatropen Ebenen (*oko*) liegt, während die beiden übrigen Achsen σ_2, σ_3 auf dieser Richtung der Normalen senkrecht stehen. Mit der Normalen n_1 und n_2 der erwogenen paratropen Ebenen (h_1ol_1) und (h_2ol_2) liegen sie in einer Ebene. Wenn wir voraussetzen, daß die Faser in axialer Richtung orientiert ist, so zeigt es sich durch Zerstreuung (Bild 1) in den Lagen der erwogenen Atomebenen. Man benutze zur Bezeichnung der Zerstreuung dieser Ebenen die Winkel Φ, $90° - \Phi_1'$, $90° - \Phi_2'$ zwischen den Normalen dieser Ebene (*oko*), (h_1ol_1), (h_2ol_2) und der Faserachse. Beim Einfall der Lichtwelle auf die Faser induziert ihr elektrisches Feld in jedem Kettenmolekül ein Dipolmoment, das zur Quelle der Lichtwellen wird. In der erwogenen anisotropen Faser bekommen wir im allgemeinen drei Vektoren der induzierten Dipolmomente in der Richtung der Polarisierbarkeitskoeffizienten.

Die polarisierte Lichtwelle der Einheitsgröße, die auf die Faser in der Richtung der Faserachse fällt, bildet in den Richtungen des Polarisierbarkeitskoeffizienten σ die Komponenten:

$$\begin{aligned} s_{A.1} &= \sigma_1 \cos \Phi, \\ s_{A.2} &= \sigma_2 (\cos \xi \cos \psi - \sin \Phi_1' \sin \psi), \\ s_{A.3} &= \sigma_3 (\cos \xi \sin \psi + \sin \Phi_1' \cos \psi), \end{aligned} \tag{1}$$

bei denen die Richtungskosinusse ($A.1$), ($A.2$) und ($A.3$) im System von Koordinatenachsen $\sigma_1 p n_1$ bestimmt sind:

$$\begin{aligned} \cos (A.1) &= \cos \Phi, \\ \cos (A.2) &= \cos \xi \cos \psi - \sin \Phi_1' \sin \psi, \\ \cos (A.3) &= \cos \xi \sin \psi + \sin \Phi_1' \cos \psi. \end{aligned} \tag{2}$$

Die gesamte Polarisierbarkeit in der Richtung der Faserachse ist:

$$\sigma_\| = \sigma_1 \cos^2 \Phi + \sigma_2 (\cos \xi \cos \psi - \sin \Phi_1' \sin \psi)^2 + \sigma_3 (\cos \xi \sin \psi + \sin \Phi_1' \cos \psi)^2. \tag{3}$$

Die durchschnittliche Polarisierbarkeit in der Richtung der Faserachse kann man aus den durchschnittlichen Abweichungen der erwogenen Atomebenen vom ideal-vollkommenen Stande bestimmen. Da der durchschnittliche Abweichungswert $\sin \Phi_1'$ gleich Null ist, denn es gilt:

$$\sum_1^n \sin \Phi_1' = 0,$$

wird die Gleichung 3 vereinfacht, so daß gilt:

$$\overline{\sigma_\|} = \sigma_1 \overline{\cos^2} \Phi + \sigma_2 \overline{\cos^2} \xi \cos^2 \psi + \sigma_2 \overline{\sin^2} \Phi_1' \sin^2 \psi + \sigma_3 \overline{\cos^2} \xi \sin^2 \psi + \sigma_3 \overline{\sin^2} \Phi_1' \cos^2 \psi. \tag{4}$$

Für die Normalen der diatropen Ebenen (*oko*) und paratropen Ebenen (h_1ol_1) und für die Achse p gilt die Beziehung:

$$\overline{\cos^2} \Phi + \overline{\cos^2} \xi + \overline{\sin^2} \Phi_1' = 1, \tag{5}$$

so daß wir nach Einsetzen von $\overline{\cos^2} \Phi$ in die Gleichung (4) bekommen:

$$\overline{\sigma_\|} = \sigma_1 - (\sigma_1 - \sigma_2 \cos^2 \psi - \sigma_3 \sin^2 \psi) \overline{\cos^2} \xi - (\sigma_1 - \sigma_2 \sin^2 \psi - \sigma_3 \cos^2 \psi) \overline{\sin^2} \Phi_1'. \tag{6}$$

Erwägen wir weiter, daß die Faserkette um die Faserachse (X-Achse) im Bereich der Winkel φ von 0 bis 2π (Bild 2) rotieren kann [2]. Die innere Rotation wird durch die Drehung der Struktur-Einheiten um die auf die Faserachse senkrechte Symmetrieachse, im Bereich der Winkel η von 0 bis π, definiert werden.

Die Wahrscheinlichkeit, daß die erwogene Monomer-Einheit die Polarisierbarkeitsachsen in den Koordinaten vom Intervall φ und $\varphi + d\varphi$ und η und $\eta + d\eta$ haben wird, ist durch die zusammengesetzte Wahrscheinlichkeit

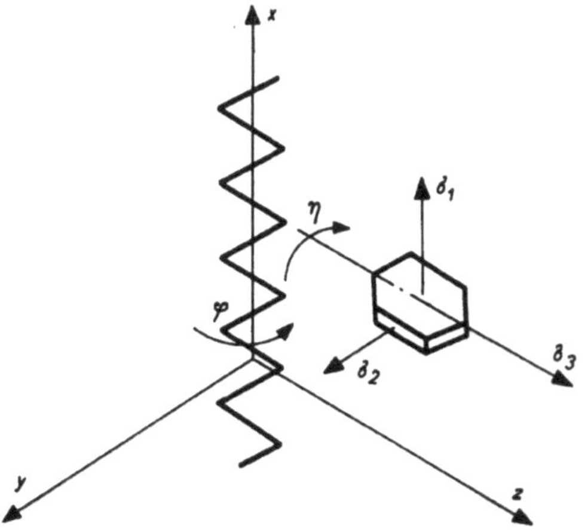

Bild 2. Freie Bewegung der Faserkette

dieser unabhängigen Rotationen gegeben, so daß dann gilt:

$$P_{\varphi\eta} = \left(\frac{d\varphi}{2\,\pi}\right)\left(\frac{d\eta}{\pi}\right). \tag{7}$$

Durch die Berechnung bestimmter Richtungskosinusse erhalten wir Polarisierbarkeitskomponenten in der Richtung verschiedener Koordinatenachsen $x\ y\ z$: σ_x, σ_y und σ_z. Die durchschnittliche Polarisierbarkeit in einzelnen Richtungen kann aus den entsprechenden jeweiligen Polarisierbarkeitswerten σ_x, σ_y, σ_z und ihrer Wahrscheinlichkeitsfunktion in den gegebenen Intervallen der Winkel φ und η bestimmt werden. Wir bekommen:

$$\overline{\sigma}_x = \frac{\frac{1}{2\pi^2}\int\limits_{\eta=0}^{\pi}\int\limits_{\varphi=0}^{2\pi}(\sigma_1\cos^2\eta + \sigma_2\sin^2\eta)\,d\eta\,d\varphi}{\int\limits_{\eta=0}^{\pi}\int\limits_{\varphi=0}^{2\pi}P_{\varphi\eta}} = \frac{1}{2}(\sigma_1+\sigma_2), \tag{8}$$

$$\overline{\sigma}_y = \frac{\frac{1}{2\pi^2}\int\limits_{\eta=0}^{\pi}\int\limits_{\varphi=0}^{2\pi}(\sigma_1\sin^2\eta\sin^2\varphi + \sigma_2\cos^2\eta\sin^2\varphi + \sigma_3\cos^2\varphi)\,d\eta\,d\varphi}{\int\limits_{\eta=0}^{\pi}\int\limits_{\varphi=0}^{2\pi}P_{\varphi\eta}} = \frac{\sigma_1}{4}+\frac{\sigma_2}{4}+\frac{\sigma_3}{2}. \tag{9}$$

$$\overline{\sigma}_z = \frac{\frac{1}{2\pi^2}\int\limits_{\eta=0}^{\pi}\int\limits_{\varphi=0}^{2\pi}(\sigma_1\sin^2\eta\cos^2\varphi + \sigma_2\cos^2\eta\cos^2\varphi + \sigma_3\sin^2\varphi)\,d\eta\,d\varphi}{\int\limits_{\eta=0}^{\pi}\int\limits_{\varphi=0}^{2\pi}P_{\varphi\eta}} = \frac{\sigma_1}{4}+\frac{\sigma_2}{4}+\frac{\sigma_3}{2}. \tag{10}$$

Aus der Relation:

$$\overline{\sigma}_x + \overline{\sigma}_y + \overline{\sigma}_z = \overline{\sigma}_\parallel + 2\overline{\sigma}_\perp$$

mit Hilfe der Gleichungen (8), (9), (10) für die durchschnittliche Polarisierbarkeit in senkrechter Richtung auf die Faserachse ergibt sich die Beziehung:

$$\overline{\sigma}_\perp = \frac{1}{2}(\sigma_1+\sigma_2+\sigma_3-\overline{\sigma}_\parallel), \tag{11}$$

so daß nach der Einsetzung der Gleichung (6) gilt:

$$\overline{\sigma}_\perp = \frac{1}{2}(\sigma_2+\sigma_3) + \frac{1}{2}(\sigma_1-\sigma_2\cos^2\psi-\sigma_3\sin^2\psi)\,\overline{\cos^2\xi} + \frac{1}{2}(\sigma_1-\sigma_2\sin^2\psi-\sigma_3\cos^2\psi)\,\overline{\sin^2\Phi_1'}. \tag{12}$$

3 Der Orientierungsfaktor der Faser

Die Anisotropie der Polarisierbarkeit der tatsächlichen Faser ist durch den Unterschied $\overline{\sigma}_\parallel - \overline{\sigma}_\perp$ gegeben, so daß gilt:

$$\overline{\sigma}_\parallel - \overline{\sigma}_\perp = \sigma_1 - \frac{1}{2}(\sigma_2+\sigma_3) - \frac{3}{2}(\sigma_1-\sigma_2\cos^2\psi - \sigma_3\sin^2\psi)\,\overline{\cos^2\xi} - \frac{3}{2}(\sigma_1-\sigma_2\sin^2\psi - \sigma_3\cos^2\psi)\,\overline{\sin^2\Phi_1'}. \tag{13}$$

Weil bei ideal-vollkommener Orientierung die Zerstreuung der diatropen Ebenen ($\Phi = 0$) gleich Null ist, wird die Polarisierbarkeitsachse σ_1 direkt in der Richtung der Faserachse liegen, so daß

$$\sigma_1 = \overline{\sigma}_\parallel$$

und auf Grund der Gleichung (11)

$$\overline{\sigma}_\perp = \frac{\sigma_2+\sigma_3}{2} \quad \text{gilt.}$$

Der Orientierungsfaktor f_0 ist dann durch die Beziehung

$$f_0 = \frac{\sigma_1 - \frac{1}{2}(\sigma_2+\sigma_3) - \frac{3}{2}(\sigma_1-\sigma_2\cos^2\psi-\sigma_3\sin^2\psi)\,\overline{\cos^2\xi} - \frac{3}{2}(\sigma_1-\sigma_2\sin^2\psi-\sigma_3\cos^2\psi)\,\overline{\sin^2\Phi_1'}}{\sigma_1-\frac{1}{2}\sigma_2-\frac{1}{2}\sigma_3} \tag{14}$$

bestimmt.

Ist der Bruch gleich dem Werte s

$$s = \frac{\sigma_1-\sigma_2\cos^2\psi-\sigma_3\sin^2\psi}{\sigma_1-\frac{1}{2}\sigma_2-\frac{1}{2}\sigma_3},$$

so wird die Gleichung 14 vereinfacht in die Formel

$$f_0 = 1 - \frac{3}{2}\,s\,\overline{\cos^2\xi} - \frac{3}{2}(2-s)\,\overline{\sin^2\Phi_1'}. \tag{15}$$

Weil für den durchschnittlichen Wert $\overline{\cos^2\xi}$ nach Bild 1 gilt:

$$\overline{\cos^2\xi} = \frac{\overline{\sin^2\Phi_2'} + \overline{\sin^2\Phi_1'}\cos\psi}{\sin^2\psi}, \tag{16}$$

bekommen wir nach der Einsetzung in die Gleichung (15) den endgültigen Ausdruck

$$f_0 = 1 - \frac{3s}{2\sin^2\psi}\overline{\sin^2\Phi_2'} - \frac{3}{2}\left[2 + s(\operatorname{cotg}^2\psi - 1)\right]\overline{\sin^2\Phi_1'}. \qquad (17)$$

Wenn beide Polarisierbarkeitskoeffizienten σ_2, σ_3 sehr nahe gelegen sind, so daß $\sigma_2 \doteq \sigma_3$ gilt, wird die Gleichung (17) vereinfacht, weil $s = 1$, und wir bekommen:

$$f_0 = 1 - \frac{3}{2}\operatorname{cosec}^2\psi\left(\overline{\sin^2\Phi_2'} + \overline{\sin^2\Phi_1'}\right) \qquad (18)$$

und im Falle, daß auch die Zerstreuung beider paratropen Ebenen (h_1ol_1) und (h_2ol_2) gleich sein wird, d. h. wenn $\Phi_2' = \Phi_1'$, dann gilt:

$$f_0 = 1 - 3\operatorname{cosec}^2\psi\,\overline{\sin^2\Phi_1'}.$$

Weil nach Gleichung (5) unter dieser Voraussetzung gilt:

$$\overline{\sin^2\Phi_1'} = \frac{1 - \overline{\cos^2\Phi}}{2\operatorname{cosec}^2\psi},$$

so wird die Beziehung für den Orientierungsfaktor auf die Formel

$$f_0 = 1 - \frac{3}{2}\overline{\sin^2\Phi} \qquad (19)$$

vereinfacht.

Die Zerstreuung beider paratropen Ebenen Φ_1' und Φ_2' und beziehungsweise auch der diatropen Ebene Φ kann aus dem Röntgenogramm bestimmt werden. Aus den Beziehungen auf der Polkugel und deren Projektion auf das Röntgenogramm Bild 3 (die Faserachse ist senkrecht auf den Primärstrahl gerichtet) gilt:

$$\sin\Phi'_{(hol)} = \cos\vartheta_{(hol)}\sin\alpha_{(hol)},$$
$$\cos\Phi = \cos\vartheta_{(oko)}\cos\beta, \qquad (20)$$

wo der Winkel ϑ ein *Bragg*scher Winkel ist, der dem erwogenen System von Atomebenen entspricht. Die durchschnittlichen Werte der goniometrischen Funktionen dieser Abweichungen können mit Hilfe einer Genauigkeitscharakteristik der axialen Orientierung, z. B. mit Hilfe des mittleren Winkels der Orientierung [3], bestimmt werden.

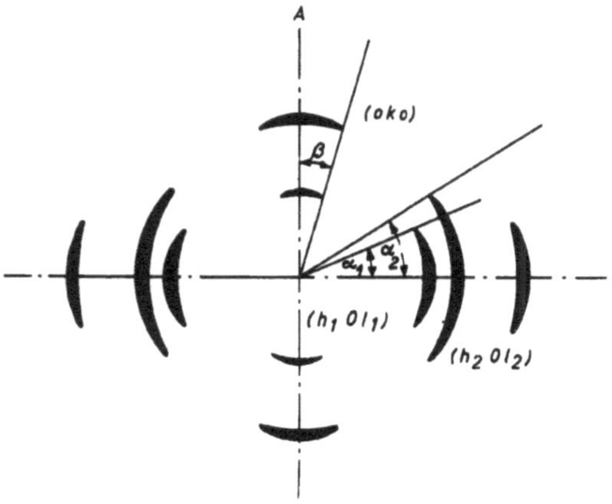

Bild 3. Charakterisierung der Zerstreuung von diatropen und paratropen Ebenen auf dem Röntgenogramm der Faser

Tabelle 1. Interferenzlagen verschiedenhergestellter und nachbehandelter Proben nach [4]

paratrope Ebenen		ϑ
PA 6	(200)	9° 59′ ... 10° 3′
	(002) + (202)	11° 57′ ... 12° 10′

4. *Der Orientierungsfaktor von PA 6.*

Die Polyamidfaser PA 6 (z. B. Silon aus der ČSSR) gehört in das monokline System. Auf dem Röntgenogramm dieser Faserart zeigen sich auf dem Äquator sehr intensive Reflexe der paratropen Ebenen (200) mit der Gitterkonstante $d = 4{,}36$ Å und der Doppelreflex der Ebenen (002) + (202) mit der Gitterkonstante $d = 3{,}69$ Å. Diese beiden intensiven Reflexe benutzt man zur Berechnung der Orientierung, wenn es auch durch den Einfluß des überlagerten Reflexes (002) + + (202) zu Ungenauigkeiten bei der Berechnung von Genauigkeitscharakteristiken der Orientierung kommt. *Ruscher* und *Schröder* [4] erwähnen für verschieden bearbeitete Faserproben auch die Zerstreuung des *Bragg*schen Winkels dieser Ebenen (s. Tabelle 1).

Benutzen wir den erwähnten Typ der paratropen Ebenen zur Berechnung des Orientierungsfaktors, so bekommen wir für den durchschnittlichen Winkel ψ den beide Ebenensysteme einschließen,

$$\psi = 65°\,21'.$$

Wenn wir diesen Wert in die Gleichung (18) einsetzen, wird der aus den paratropen Ebenen bestimmte Orientierungsfaktor der Faser PA6

$$(h_1ol_1) \rightarrow (200),$$
$$(h_2ol_2) \rightarrow (002) + (202)$$

folgenden Wert haben:

$$f_0 = 1 - 1{,}816\left(\overline{\sin^2\Phi'_{(002)+(202)}} + \overline{\sin^2\Phi'_{(200)}}\right). \qquad (21)$$

5 *Zusammenfassung*

Zur Charakterisierung der axialen Faserorientierung wird die Anisotropie der Faserpolarisierbarkeit benutzt, die praktisch den Unterschied des Polarisierbarkeitskoeffizienten in zwei Hauptrichtungen in der Faser definiert, und zwar in der Richtung der Faserachse $\sigma_\parallel$ und in der Richtung senkrecht auf die Faserachse $\sigma_\perp$. Das Verhältnis des Unterschiedes zwischen beiden erwogenen Polarisierbarkeitskoeffizienten der tatsächlichen Faser mit der bestimmten axialen Orientierung und des Unterschiedes beider Koeffizienten der ideal-vollkommenen Faser mit der maximalen Orientierung bestimmt den Orientierungsfaktor f_0. Der Orientierungsfaktor in dieser Form wurde schon von J. Hermans, H. Hermans, Vermaas und Weidinger für die Cellulose II definiert.

Die durchgeführte Berechnung untersucht die Anwendung des Orientierungsfaktors unter Benutzung allgemein paratroper Ebenen (h_1ol_1) und (h_2ol_2) der orthogonalen Fasersysteme. Auf Grund der Winkelzerstreuung von paratropen Ebenen $\Phi'_{(h_1o l_1)}$ und $\Phi'_{(h_2o l_2)}$ wird die Polarisierbarkeit in der Richtung der Faserachse und die Polarisierbarkeit in der Richtung senkrecht auf die Faserachse gegeben. Der entsprechende Orientierungsfaktor ist dann durch die Gleichung (17) ausgedrückt. Diese Gleichung wird grundsätzlich vereinfacht, wenn die auf die Faserachse senkrechten

Polarisierbarkeitskoeffizienten der Kette σ_2 und σ_3 gleich sind. Der Orientierungsfaktor hat dann die Form:

$$f_0 = 1 - \frac{3}{2} \operatorname{cosec}^2 \psi \, (\overline{\sin^2} \, \Phi'_{(h_2 o l_2)} + \overline{\sin^2} \, \Phi'_{(h_1 o l_1)})$$

oder, wenn die Winkelzerstreuung beider Ebenen gleich ist, bekommen wir unter Benutzung der Winkelzerstreuung Φ der diatropen Ebenen (*oko*) die Beziehung:

$$f_0 = 1 - \frac{3}{2} \overline{\sin^2} \, \Phi .$$

Die Winkelzerstreuung der einzelnen Atomebenen der Faser ist aus den röntgenographischen Messungen zu bestimmen.

Anschließend wird der Orientierungsfaktor von PA6 berechnet unter Benutzung von höchstintensiven Reflexen auf dem Röntgenogramm dieser Faser, und zwar von Reflexen der Ebenen (200) und (002) + (202).

Literatur

[1] *Hermans, J., Hermans, H., Vermaas* und *Weidinger*: Quantitative evalution of orientation in cellulose fibres from the *x*-ray fibre diagram. Rec. Trav. chim. Pays-Bas **65** (1946) S. 427–447.

[2] *Gurnee*, Theory of orientation and double refraction in polymers. J. appl. Physics **25** (1954) S. 1232–1240.

[3] *Černý, J.*, Rentgenografické a optické měření axiální orientace a dvojlomu vláken (Röntgenographische und optische Messungen der axialen Orientierung und der Doppelbrechung der Fasern). Kand.-Arbeit VŠST Liberec 1963.

[4] *Ruscher, Ch.*, und *Schröder*: Über die Feinstruktur der Polyamide II. Der Einfluß von kleinen Kristalliten auf das Röntgendiagramm von Polycaprolactam. Faserforsch. u. Textiltechn. **11** (1960) S. 165–172.

Eingegangen am 30. November 1963

Untersuchungen am selbstschreibenden Drehungszähler

Walter Frenzel, Guido Hahn und Friedrich Stemmler[1])

DK 620.175.6.087.4

Die Ergebnisse von Untersuchungen an ein- und mehrdrähtigen Zwirnen, einerseits mit dem selbstschreibenden Drehungszähler mit waagerechter Fadenlage, andererseits mit einem neuen Gerät mit senkrechter Fadenlage durchgeführt, werden vergleichend ausgewertet. Die Geräte zeichnen die Längenänderungen beim Auf- oder Zusammendrehen von technischen Zwirnen und Garnen als Diagramm auf. Die Längenänderungs-Kurven vom senkrecht arbeitenden Drehungszähler lassen sich bequemer ausmessen als solche vom waagerecht arbeitenden; sie fallen größer aus, weil der Maßstab für die lineare Aufzeichnung der Feinheit der Prüffäden angepaßt werden kann.

Исследование работы самопишущего крутномера

Сравнивались результаты исследований нитей одно- и многократного кручения, полученные, с одной стороны, с применением самопишущего крутномера при горизонтальном положении нити, а, с другой стороны, на новом приборе при вертикальном положении нити. Приборы регистрируют в виде диаграммы изменения длины технических нитей и пряжи при раскручивании и скручивании. Кривые изменения длины, снятые с применением крутномера при вертикальном положении нити, можно измерять удобнее, чем таковые при горизонтальном положении нити. В первом случае кривые растянуты, так как масштаб для представления их в нормальной системе координат может быть изменен в соответствии с тониной испытуемых нитей.

Investigations on the Recording Twist Counter

A comparative evaluation is carried out for the results obtained from investigations of mono- and multitwist yarns on a recording twist counter with horizontal yarn arrangement on the one hand and a new device with vertical yarn arrangement on the other. The devices record the changes in length during twisting and untwisting of technical twisted yarns and yarns on a recording chart. The curves of changes in length obtained from the vertical arrangement permit a more convenient evaluation than those from the horizontal one. They are larger due to the possible adaptation of the scale of linear record to the fineness of test yarn.

1 *Einführung*

Im Laufe der Entwicklung eines Drehungszählers für Garne und Zwirne mit selbsttätiger Vorrichtung zum Aufzeichnen des Verlaufs der Längenänderungen in Abhängigkeit von den Auf- und Zusammendrehungen der eingespannten Einfach-Garne oder Vorzwirne wurden zwei Modelle hergestellt. Beim älteren Gerät wird — wie bisher üblich — der Faden in horizontal eingespannter Lage, bei dem anderen in vertikal eingespannter Lage geprüft. Auf beiden Geräten wurden im Rahmen einer Diplomarbeit sieben verschiedene ein- und mehrdrähtige Zwirne vergleichend untersucht.

Da die hier beschriebenen Verfahren einerseits eine bessere Einsicht in den Verlauf des Zwirnvorgangs, andererseits eingehende Aufschlüsse über die Güte technischer Zwirne gestatten, sollen einige Betrachtungen über das Zwirnen vorausgeschickt werden: Die Garnverarbeitung des Zwirnens erscheint technologisch als ein verhältnismäßig sehr einfacher Vorgang. Aber das damit bezweckte Ziel, die Herstellung eines vollkommen runden Fadens von größter Festigkeit, höchster Gleichförmigkeit und Gleichmäßigkeit in Form, in Festigkeit und Dehnung hängt — besonders für technische Verwendungszwecke — von Faktoren und Voraussetzungen ab, die der Zwirner laufend beobachtet und überwacht. Schon vom einfachen Garn verlangt der Zwirner vor allem Gleichmäßigkeit in Stärke, Drehung und Dehnung. Beim Zusammendrehen von zwei oder mehr Einzelfäden, die einer bestimmten Spannung — der Zwirnspannung — ausgesetzt sind, verlängert sich der Faden zunächst rasch, dann langsamer bis zu einer maximalen Verlängerung. Bei weiterer Drehung verkürzt er sich, und bei einer bestimmten Anzahl von Zwirndrehungen hat der so entstehende Zwirn wieder die gleiche Länge wie die Einzelgarne vor dem Zwirnen. Wird die Drehung darüber hinaus gesteigert, so verkürzt sich

[1]) Der mit senkrechter Fadenlage arbeitende Drehungszähler wurde von Herrn *Guido Hahn*, Grüna/Sa., nach Konstruktionsanweisungen von Herrn Dr.-Ing. *K. Bettermann* hergestellt. Die Untersuchungen wurden seiner Zeit im Institut für Textiltechnik der TH Dresden im Rahmen der Diplomarbeit des Herrn *Friedrich Stemmler* durchgeführt.

der Zwirn noch mehr. Prof. Dr. h. c. *Ernst Müller* hat grundlegende Untersuchungen über die Gesetzmäßigkeiten der Verkürzungen beim Zwirnen der Gespinste [1] schon 1882 an der Technischen Hochschule Dresden durchgeführt und Gleichungen und Kurven — sog. „*Müller*-Kurven" — entwickelt, die den Verlauf der Längenänderungen der Garne beim Zwirnen in Abhängigkeit von den Drehungen darstellen.

Diese Längenveränderungen werden beim Zwirnen durch verschiedene Umstände beeinflußt: zunächst durch die Spannung, unter der die Einzelgarne oder -Zwirne zusammengedreht werden. Ferner hat die Art des Garnmaterials Einfluß. Leinengarne zeigen einen anderen Längenveränderungsverlauf als Baumwollgarne und Wollgarne wieder andere als Zellwoll- und Chemiefasergarne. Es kommt auch darauf an, ob trocken, halbnaß oder naß gezwirnt wird. Je nachdem, ob der fertige Zwirn länger oder kürzer ist als die Einzel- oder Vorzwirnfäden, ist auch die effektive Feinheitsnummer eine andere als sich aus der Summe der Einzelfaden-Feinheiten ergibt. Um die beim Zwirnen anfänglich auftretenden Verlängerungen wieder einzuholen, sind bei stark gedrehtem Garn mehr Zwirndrehungen erforderlich als bei leichter gedrehtem Garn. Beim Zwirnen auf der Maschine gehen diese Längenänderungen — am im Entstehen befindlichen laufenden Zwirn — unter einer bestimmten Fadenspannung — für das Auge unsichtbar — kontinuierlich vor sich. Am selbstschreibenden Drehungszähler nach *Frenzel-Hahn* wird der Verlauf der Verkürzungen und Verlängerungen in Abhängigkeit von Auf- oder Zusammendrehungen als Diagramm am eingespannten ruhenden Fadenstück, das auf- oder zusammengedreht wird, aufgezeichnet. Es wird eine graphische Darstellung, ein Bild gewonnen, das für die Eigenart des Zwirns charakteristisch ist und die oben genannten Einflüsse der Zwirnspannung, der Stärke der Einzelgarne, des Drehungsgrades, des Materials u. a. erkennen läßt.

Die Bestrebungen, den selbstschreibenden Drehungszähler mit *waagerechter* Fadenlage weiter zu verbessern, führten dazu, ein solches Gerät mit *senkrechter* Lage des zu prüfenden Fadens zu entwickeln.

Tabelle 1. Übersicht über die untersuchten Zwirne

1 Material		2 Nm [m/g]	3 100-m-Gewicht [g]	4 Vorspanngewicht [g]	5 Drehungsart	6 Einspannlänge [mm]
30/5×3	Netzzwirn	1,75	58,—	• 175,—	S	500
Baumwolle	Vorzwirn	6,5	15,3	45,9	Z	500 + D_c
	Garn	30,—	3,3		Z	500
13/2×3	Cordzwirn	1,85	54,—	162,—	S	500
Kunstseide	Vorzwirn	5,8	17,2	51,5	Z	500 + D_c
	Garn	12,—	8,3	25,—	S	500
80/2×2	Nähzwirn	22	4,5	31,5	S	500
Baumwolle	Vorzwirn	43	2,2	6,6	Z	500 + D_c
	Garn	81	1,25		Z	500
140/2×2	Nähzwirn	38,5	2,6	7,8	S	500
Baumwolle	Vorzwirn	81	1,2	3,7	Z	500 + D_c
	Garn	140	0,7		Z	500
30/3	Nähzwirn	10,8	9,25	27,75	Z	500
Leinen	Garn	30,3	3,36		S	25
36/2	Kammgarnzwirn	18,3	5,45	16,35	S	500
Zellwolle	Garn	36,2	2,75		Z	500
8/2	Streichgarnzwirn	4,15	24,—	72	S	500
	Garn	8,15	12,3		Z	500

Zur Untersuchung und Auswertung nach DIN 7836 und 53801 wurden die in Tabelle 1 zusammengestellten Zwirne herangezogen. Hiernach wird vom Endzwirn, vom Cord-, Näh-, Netzzwirn u. a. das 100-m-Gewicht ermittelt. Ein Gewicht, welches das Dreifache des 100-m-Gewichts ausmacht, wird als Vorlast auf die Schale des Drehungszählers gelegt. Dasselbe gilt für die Untersuchung des Vorzwirns.

2 *Beschreibung der beiden Geräte*

2.1 *Der waagerechte selbstschreibende Drehungs-Zähler* (Bilder 1, 2)

Der zu prüfende Faden F wird zwischen die Klemmen K_d und K_h eingespannt. Durch Schalter R wird der Antriebs-

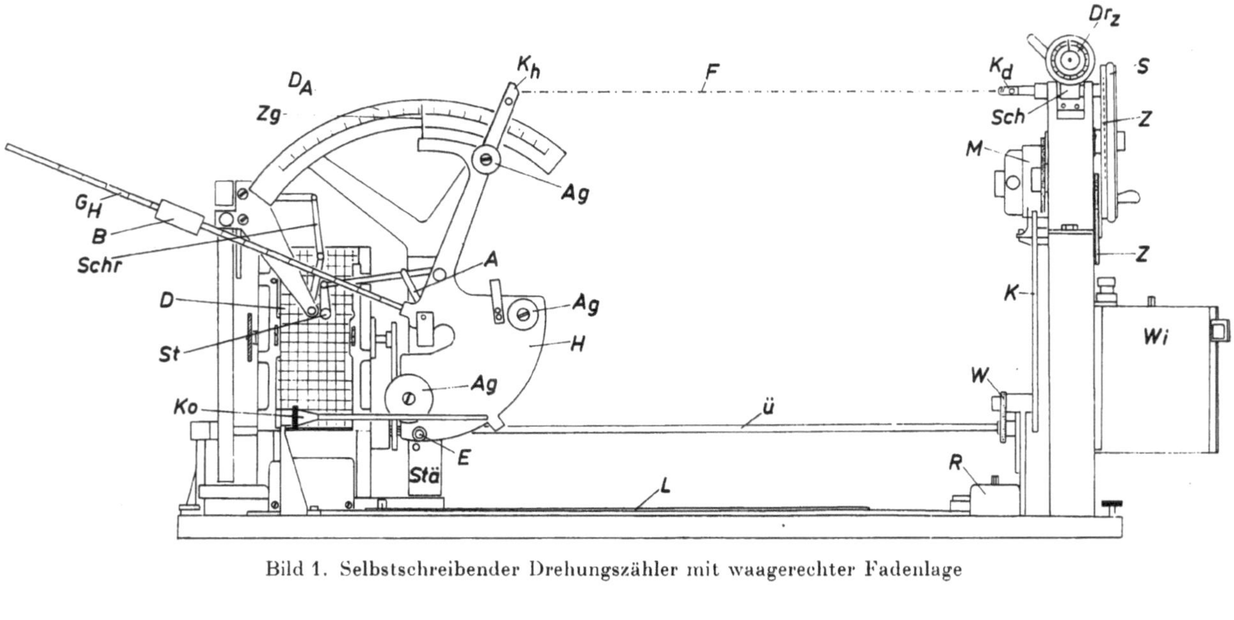

Bild 1. Selbstschreibender Drehungszähler mit waagerechter Fadenlage

motor M eingeschaltet. Mittels Widerstand W_i kann die Motordrehzahl und damit die Arbeitsgeschwindigkeit des Drehungszählers geregelt werden. Vom Motor aus wird der Antrieb durch Gummischnur über Scheibe S und Zahnrad Z zur Schnecke Sch und über Kette K, Wechselgetriebe W und Übertragungswelle $ü$ zum Diagrammpapiergetriebe D übertragen. Das Getriebe W arbeitet derart, daß das Diagrammpapier D stets die gleiche Laufrichtung hat, ganz gleich, ob der eingespannte Faden links oder rechts herum gedreht wird. Die Schnecke Sch treibt den aus zwei Zählern bestehenden Drehungsanzeiger D_{rz} an. Der Ständer $Stä$ kann je nach der gewählten Einspannlänge mehr oder weniger an die drehende Klemme herangeschoben werden. Am Lineal L wird die Einspannlänge eingestellt. Der Zeiger Z_G am Hebel H zeigt auf der Skala D_A die Längenänderung an. Am Gewichtsarm G_H wird die Vorspannung mit Gewicht B eingestellt. A_G sind Ausgleichsgewichte. Im unbelasteten Zustand bleibt der Hebel H auf Null stehen. Die Schreibvorrichtung $Schr$ — ein Lemniskatenlenker — am Hebel H trägt den Stift St, der den Verlauf auf das Diagrammpapier D aufzeichnet. Der Hebel H kann mittels Stift E arretiert werden. Die Konusspindel Ko nimmt die zu prüfende Spule auf.

Bild. 2 Ansicht des selbstschreibenden Drehungszählers mit waagerechter Fadenlage

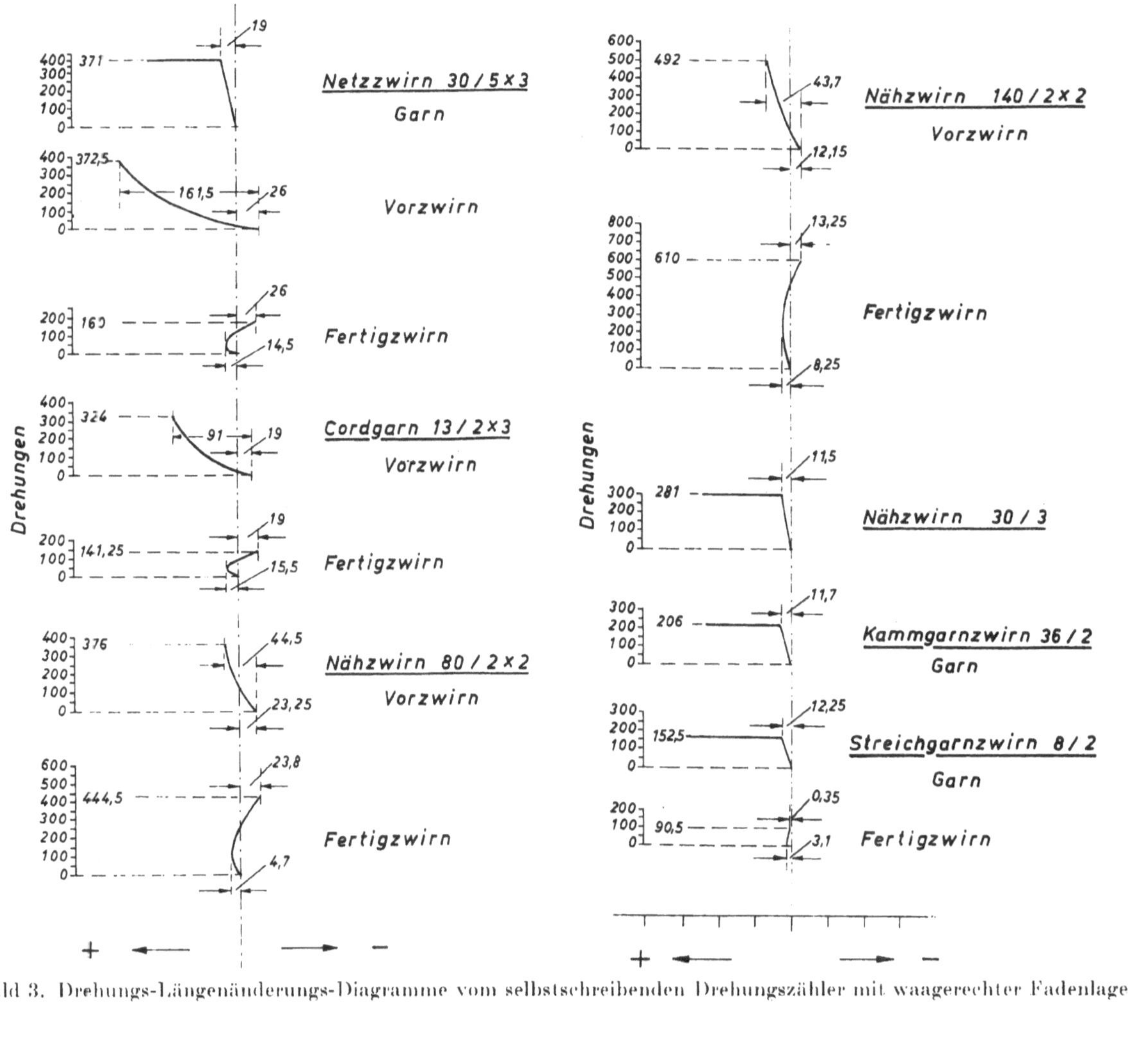

Bild 3. Drehungs-Längenänderungs-Diagramme vom selbstschreibenden Drehungszähler mit waagerechter Fadenlage

Tabelle 2. Vergleich der Ergebnisse mit dem waagerecht (w)

Material		Drehungen je 500 mm		Längenänderung [mm] Umkehrstellung		Längenänderung [mm] Endstellung		Veränderung der Einspannlänge D_c [mm]	
		W	S	W	S	W	S	W	S
30/5 × 3	Netzzwirn	160,0	162,0	+ 14,5	+ 15,6	− 26,0	− 23,5	—	—
Baumwolle	Vorzwirn	—	—	—	—	—	—	− 26,0	− 25,0
	Einzelgarn	—	—	—	—	—	—	—	—
13/2 × 3	Cordzwirn	141,25	139,0	+ 15,5	+ 13,3	− 19,0	− 20,4	—	—
Kunstseide	Vorzwirn	—	—	—	—	—	—	− 19,0	− 20,1
	Einzelgarn	—	—	—	—	—	—	—	—
80/2 × 2	Nähzwirn	444,5	450,0	+ 4,7	+ 7,85	− 23,8	− 16,1	—	—
Baumwolle	Vorzwirn	—	—	—	—	—	—	− 23,25	− 14,5
	Einzelgarn	—	—	—	—	—	—	—	—
140/2 × 2	Nähzwirn	610,0	601,6	+ 8,25	− 11,25	− 13,25	− 6,95	—	—
Baumwolle	Vorzwirn	—	—	—	—	—	—	− 12,15	− 5,8
	Einzelgarn	—	—	—	—	—	—	—	—
30/3	Nähzwirn	281,0	280,2	—	+ 14,28	+ 11,25	+ 13,25	—	—
Leinen	Einzelgarn	—	—	—	—	—	—	—	—
36/2	Kammgarnzwirn	—	152,7	—	+ 1,2	—	− 0,58	—	—
Zellwolle	Einzelgarn	—	—	—	—	—	—	—	—
8/2	Streichgarnzwirn	90,5	92,75	+ 3,1	+ 3,85	+ 0,35	+ 1,24	—	—
	Einzelgarn	—	—	—	—	—	—	—	—

Eine besondere Studie war der Klärung über die Spannungsverhältnisse am mit Vorlast eingespannten Faden gewidmet, eine weitere der Arbeitsweise der Schreibvorrichtung. Diese Untersuchungen, auf deren Wiedergabe verzichtet werden muß, führten zu wesentlichen Verbesserungen des Geräts.

2.2 Längenänderungs-Diagramm, am waagerecht arbeitenden Drehungszähler aufgenommen, Bilder 3a und b, Tabelle 2.

Aus den je 20 Diagrammen für jedes Material wurde die Ausgleichskurve gezeichnet. Die Bilder 3a und b enthalten diese Diagramme für die untersuchten sieben Zwirne. In der Tabelle 2 sind die zugehörigen Zahlenangaben zusammengestellt.

2.3 Der selbstschreibende Drehungszähler in senkrechter Bauart

ist in den Bildern 4, 5 dargestellt. Der elektrische Antrieb erfolgt durch Schalter 3, Widerstand 4/5 und Motor 6, die Übertragung von Motorritzel 7 aus mittels Gummiriemen auf Scheibe 9, von der aus das Räderwerk 10 und die Zählerschnecke 11 mit dem Zähler 12 angetrieben werden. Über Nutenwelle 13 wird das Wechselgetriebe 14 bewegt; es arbeitet so, daß das Diagrammpapier 16 immer die gleiche Laufrichtung beibehält. Am Lot 17 wird die senkrechte Lage des Geräts eingestellt. Die Entfernung der Klemmen K_d und K_h, die Einspannlänge des zu prüfenden Fadens, kann am Maßstab 18 gemessen werden. Der im Joch 19 zusammengefaßte Geräteteil gleitet auf Schienen 20, die an der Platte 1 fest-

Tabelle 3. Vergleich der mit dem waagerecht und dem senkrecht arbeitenden Drehungszähler ermittelten Längung und Einzwirnung

1 Material		2 Längung [%]		3 Einzwirnung [%]		4 Längung [%]		5 Einzwirnung [%]	
		waager.	senkr.	waager.	senkr.	waager.	senkr.	waager.	senkr.
30/5 × 3	Netzzwirn	− 5,2	− 4,7	− 5,7	4,95	—	—	—	—
Baumwolle	Vorzwirn	—	—	—	—	34,2	34,–	− 25,6	− 25,4
13/2 × 3	Cordzwirn	− 3,85	− 4,1	3,95	4,25	—	—	—	—
Kunstseide	Vorzwirn	—	—	—	—	19,3	19,25	− 16,3	− 16,65
80/2 × 2	Nähzwirn	− 4,75	− 3,2	5,0	3,35	—	—	—	—
Baumwolle	Vorzwirn	—	—	—	—	9,3	9,85	− 8,5	− 9,–
140/2 × 2	Nähzwirn	− 2,65	− 1,4	2,75	1,4	—	—	—	—
Baumwolle	Vorzwirn	—	—	—	—	9,–	8,25	− 8,25	− 7,65
30/2 Leinen	Nähzwirn	2,3	2,7	− 2,25	− 2,65	—	—	—	—
36/2 Zellwolle	Kammgarnzwirn	− 0,15	− 0,12	0,15	0,12	—	—	—	—
8/2	Streichgarnzwirn	0,07	0,25	− 0,07	− 0,25	—	—	—	—

und dem senkrecht (s) arbeitenden Drehungszähler

Drehungen je 500 mm $\pm D_c$		Längenänderung [mm]		Haftung bei Drehungen		Verlängerung bis zum Gleiten der Fasern [mm]		Drehungen je m		Diagrammrollen-Durchmesser [mm]
W	*S*	*W*	*S*	*W*	*S*	*W*	*S*	*W*	*S*	*S*
—	—	—	—	—	—	—	—	—	—	10
372,5	380,0	+134,5	+136,7	—	—	—	—	—	—	10
—	—	—	—	371,0	180,0	+19,0	+12,7	685,0	684,75	10
—	—	—	—	—	—	—	—	—	—	20
324,0	330,0	+ 72,0	+ 76,1	—	—	—	—	—	—	20
—	—	—	—	—	54,4	—	—	—	108,75	80
—	—	—	—	—	—	—	—	—	—	40
376,0	383,15	+ 21,25	+ 33,5	—	—	—	—	—	—	40
—	—	—	—	—	—	—	—	825,0	825,0	40
—	—	—	—	—	—	—	—	—	—	40
492,0	504,4	+ 31,55	+ 34,95	—	—	—	—	—	—	40
—	—	—	—	—	—	—	—	979,5	979,5	40
—	—	—	—	—	—	—	—	—	—	80
—	—	—	—	—	—	—	—	301,0	301,0	80
—	—	—	—	—	—	—	—	—	—	80
—	—	—	—	206,0	166,5	+11,7	+ 5,82	457,0	456,75	80
—	—	—	—	—	—	—	—	—	—	80
—	—	—	—	152,5	—	+12,25	—	284,9	283,0	80

geschraubt sind; die Belastung wird durch das Gewicht 21 ausgeglichen. Auf der Welle 22 sitzen Rollen 24, an denen der Wagen 25 mittels Schnur befestigt ist. Am Wagen 25 ist die Einspannklemme K_h und die Schale 26 zum Auflegen der Vorspanngewichte angebracht; er läuft mit den Rollen 27 auf den Schienen 28. An der Rolle 29 ist das Wagenausgleichsgewicht 30 befestigt; es hängt im Rohr 31. Die Längenveränderungen des Fadens, Verkürzung und Verlängerung, werden durch Zeiger 34 am Maßstab 33 abgelesen. An der Welle 22 sitzen die vier Scheiben 36, die verschiedenen Durchmesser haben können. Der Schreibapparat 38 mit dem Schreibstift 39 wird von dem Chemieseidenfaden 37 getragen, der auf der Vierscheibenwelle 22 befestigt ist. 30 ist das Wagenausgleichsgewicht. Der Diagrammpapiertisch 41 kann nach vorn umgelegt werden, so daß die Stachelräder 42 und die hinter dem Schreibapparat untergebrachte Diagrammpapierrolle frei zu liegen kommen. Je nachdem, ob feine oder grobe Garne und Zwirne zu prüfen sind, wird der Chemieseidenfaden 37 über eine Rolle mit großem oder kleinem Durchmesser gelegt. Damit wird erreicht, daß die Ausschläge der Schreibfeder stets relativ groß sind und gut auswertbare Diagramme aufgezeichnet werden.

Der größte Weg, den der Wagen mit der Klemme K_h zurücklegen kann, beträgt 300 mm. Davon entfallen 200 mm auf Verlängerung und 100 mm auf Verkürzung. Die Breite des Diagrammpapiers ist 75 mm, das Übersetzungsverhältnis somit 300 : 75 = 4 : 1. Die Diagrammpapierbreite kann voll ausgenutzt werden. Es ist immer diejenige Diagrammrolle zu wählen, die entsprechend ihrem Durchmesser die größten Ausschläge gewährleistet.

2.4 *Ergebnisse der Untersuchungen mit dem senkrecht arbeitenden Drehungszähler*

Von jedem der geprüften Zwirne wurden Fertig-, Vorzwirn sowie Einzelfaden nach DIN-Vorschrift geprüft. Hier sollen nur die Mittelwerte aus den Versuchsreihen, die aus je 20 Versuchen bestehen, in Tabelle 2 zusammengestellt werden. Aus den 20 Einzelkurven wurde für jedes Versuchsmaterial

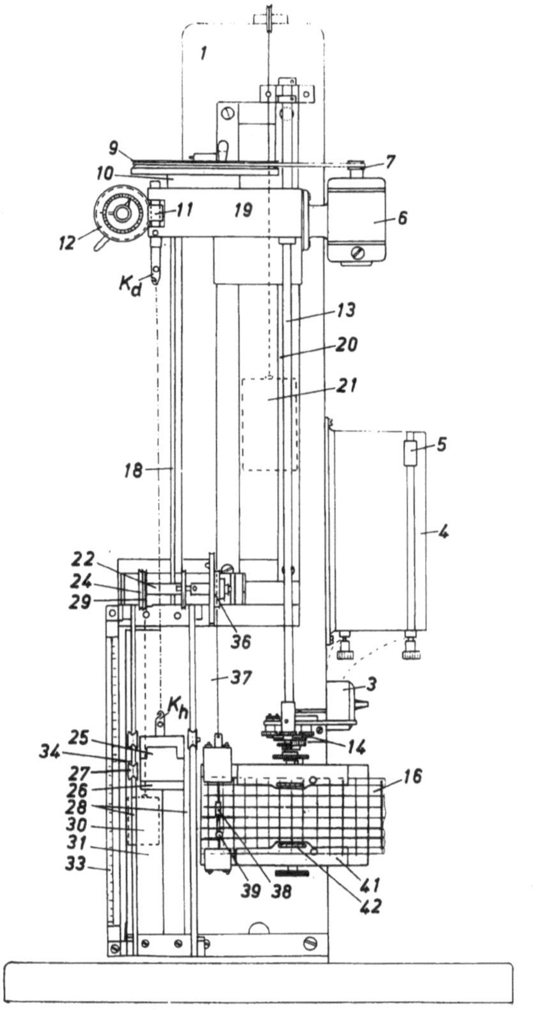

Bild 4 (rechts). Selbstschreibender Drehungszähler mit senkrechter Fadenlage

Bild 5. Ansicht des selbstschreibenden Drehungszählers mit senkrechter Fadenlage

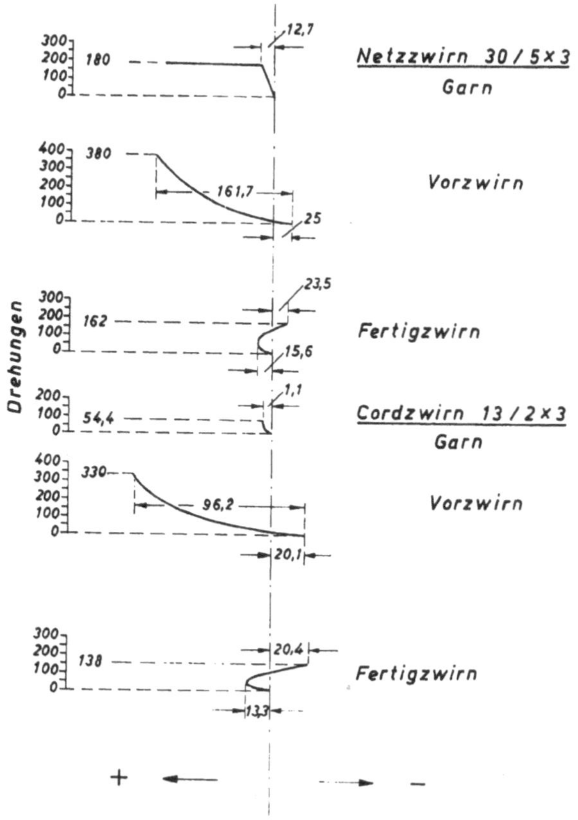

Bild 6a

die Ausgleichskurve ermittelt. Diese Ergebnisse sind in den Bildern 6a und 6b dargestellt.

3 *Auswertung der Versuche*

3.1 Vergleich der Diagramme des waagerechten und des senkrechten selbstschreibenden Drehungszählers

Von den Ergebnissen der Untersuchungen von jeder Zwirnart wurden die Mittelwerte berechnet und daraus das mittlere Diagramm gezeichnet, Bilder 3a und b, 6a und b. Der Vergleich ergibt, daß bei stärkeren Zwirnen, z. B. beim Baumwoll-Netzzwirn 30/5 × 3, die Werte beider Geräte relativ gut übereinstimmen. Bei feineren Zwirnen, z. B. beim Baumwoll-Nähzwirn 140/2 × 2, treten Unterschiede auf, die u. a. damit zusammenhängen, daß es — im Gegensatz zum waagerecht arbeitenden — am senkrecht arbeitenden Gerät möglich ist, den Maßstab der Aufzeichnung mit Hilfe der vier Diagrammrollen verschiedenen Durchmessers zu verändern. Man erhält — vor allem bei feineren Garnen und Zwirnen — am waagerecht arbeitenden Drehungszähler verhältnismäßig enge, schwieriger auszuwertende Kurven. Beim senkrecht arbeitenden Gerät wird die Diagrammpapierbreite bei richtiger Wahl des Rollendurchmessers weitgehend ausgenutzt; es werden gut auswertbare, große Kurven aufgezeichnet.

Ein Unterschied besteht ferner darin, daß beim waagerechten Drehungszähler das verschiebbare Vorlastgewicht nicht mit der gleichen Genauigkeit wirkt wie beim senkrecht arbeitenden Apparat; hier wurde die vorgeschriebene Vorlast durch Auflegen der Gewichte auf die Schale des Kluppenwagens eingestellt und konstant gehalten. In den Tabellen 2 und 3 sind die Mittelwerte sowie die Längungs- und Einzwirnungswerte, die auf beiden Drehungszählern bei der Untersuchung der gewählten Zwirne ermittelt wurden, zusammengestellt.

Aus diesen Ergebnissen ist zu ersehen, daß größere Differenzen bei den feineren Zwirnen auftreten, bei denen es auf die genaue Einstellung der Vorlast ankommt. Der Vergleich z. B. der beiden Baumwoll-Nähzwirne 80/2 × 2 und 140/2 × 2 bestätigt das. Der Umstand, daß beim waagerecht arbeitenden Drehungszähler die Vorlast während der Prüfung nicht völlig konstant bleibt, sondern bei größeren Ausschlägen nachläßt, bewirkt, daß sich der Zwirn beim Aufdrehen weniger verlängert. Wenn die Vorlast nachläßt, wird der Zwirn beim Aufdrehen auch entsprechend weniger verlängert und beim Zusammendrehen weniger verkürzt.

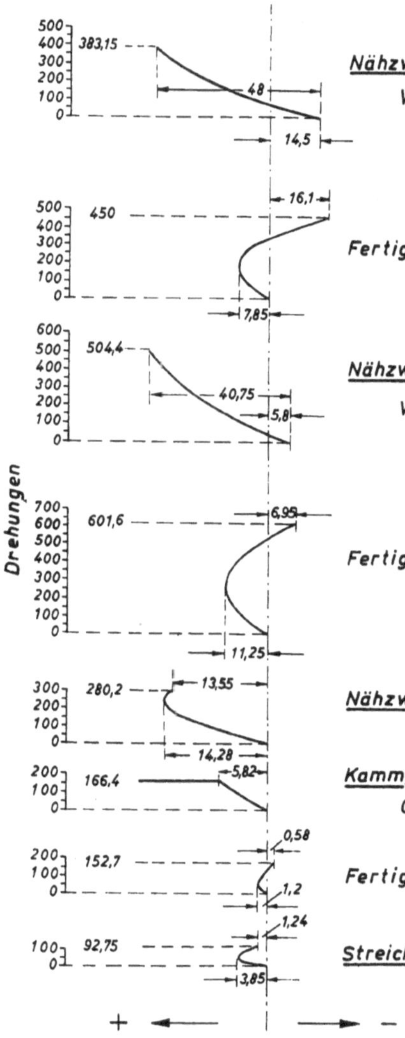

Bild 6b

Bild 6. Drehungs-Längenänderungs-Diagramme vom selbstschreibenden Drehungszähler mit senkrechter Fadenlage

Beim senkrecht arbeitenden Drehungszähler verhält sich die genau eingestellt Vorlast anders: Beim Aufdrehen des Zwirns läuft der Kluppenwagen zunächst nach unten in dem Maße, als es die mehr und mehr aufgedrehten Vorzwirn- oder Einzelfäden zulassen. Die Verlängerung ist hierbei größer als beim waagerecht aufgedrehten Zwirn, wie das aus Tabelle 2 bei den Baumwoll-Zwirnen 80/2×2 und 140/2×2 zu ersehen ist. Läuft der Kluppenwagen infolge der nun eintretenden Verkürzung der Vorzwirnfäden nach oben, dann ist der durch die Vorlast hervorgerufene Widerstand derart wirksam, daß die Vorzwirnfäden sich nur um den entsprechenden und wahren Betrag verkürzen. Die so erhaltenen Werte sind kleiner als beim waagerecht untersuchten Faden, wie aus Tabelle 2 zu ersehen ist. Bei stärkeren Zwirnen treten diese Unterschiede weniger hervor, was auch aus den Zahlen der Tabelle 2 zu erkennen ist.

Es sei hier noch hinzugefügt, daß auf Grund dieser Feststellungen am waagerecht arbeitenden Drehungszähler Verbesserungen an den Vorrichtungen für die Vorspannung und die selbsttätige Aufzeichnung der Diagramme angebracht wurden. Die mit dem verbesserten, waagerecht arbeitenden Gerät durchgeführten Untersuchungen zeigten, daß die Verlängerungs- und Verkürzungswerte nahe an diejenigen Werte herankommen, die mit der senkrechten Fadenführung gewonnen wurden. Beim waagerecht arbeitenden Drehungszähler können größere Diagramme aufgezeichnet werden, wenn die Einspannlänge zwei- oder mehrfach größer gewählt wird.

Mit dem senkrecht arbeitenden Drehungszähler lassen sich besonders genau die Haftdrehungen und die Verlängerung des aufgedrrehten Garns, bei der sich die Haftung der Fasern löst, ermitteln. Löst sich — auf Grund der für den betreffenden Fall eingestellten Vorlast — der Faserverband des Garns auf, so fährt der Kluppenwagen nach unten, was auf dem Diagrammpapier durch eine gerade Linie gekennzeichnet wird. Die zugehörige Drehzahl wird abgelesen, siehe Bild 3a: Netzzwirn/Garn. Die Verlängerung bis zum Einsetzen des Gleitens der Fasern wird der auf dem Diagrammpapier aufgezeichneten Kurve entnommen. Wie aus Tabelle 2, zu erkennen ist, sind am waagerecht untersuchten Garn bedeutend mehr Drehungen aufzuwenden, bevor das Gleiten einsetzt, als bei der senkrechten Prüfung. Am waagerechten Drehungszähler ergeben sich ferner größere Verlängerungen bis zum Einsatz des Gleitens als beim senkrechten Gerät; Tabelle 2. Je mehr ein Garn schon aufgedreht ist, um so kleiner ist die Zugkraft, die ausreicht, um die Reibung zwischen den Fasern zu überwinden. Damit stehen auch die Verlängerung als Folge des Aufdrehens im Zusammenhang ebenso wie die Werte der Haftdrehung und der Verlängerung im Zeitpunkt der Haftlösung. Hiervon ausgehend, sind die mit dem senkrecht arbeitenden Drehungszähler ermittelten Werte als richtig und genauer anzusprechen als diejenigen, die mit Hilfe des waagerechten Apparats bestimmt wurden. Auch in diesem Falle zeigten Vergleichsversuche mit dem verbesserten waagerechten Drehungszähler, daß die damit gewonnenen Drehungs- und Längenveränderungswerte denjenigen des senkrechten Prüfverfahrens näher kommen.

In Tabelle 3 sind die Längenveränderungswerte und die Werte der Verlängerungen des Garns bis zum Beginn der Lösung des Faserverbandes — in Prozenten ausgedrückt — zusammengestellt. Aus dieser Übersicht ist dasselbe Verhältnis der durch die beiden Drehungsprüfverfahren ermittelten Ergebnisse zu erkennen.

Zum Vergleich der beiden Drehungsbestimmungsverfahren hinsichtlich der Genauigkeit wurde nach Abschluß der Versuchsreihen eine eingehende Studie vorgenommen derart, daß von den Baumwollzwirnen und dem Streichgarnzwirn die Mittelwerte ($\bar{x}$), die Standardabweichung (s) und der Variationskoeffizient (V) von folgenden Kennzahlen ermittelt und ausgewertet wurden: Verlängerungswerte der Wendepunkte von Netz-, Näh- und Streichgarnzwirn, verlängerte Einspannlänge, $\pm D_C$-Werte bei den Vorzwirnen. Auf die Wiedergabe der ausgedehnten Untersuchungen und Berechnungen soll verzichtet werden. Aus den Ergebnissen der Untersuchungen ist zu ersehen, welches Gerät bei den zu prüfenden Zwirnen vorzuziehen ist. Bei der Prüfung von Netzzwirn 30/5×3 arbeiten beide Geräte etwa gleich einwandfrei. Die Werte für $\bar{x}$, s und V weichen hier wenig, z. T. gar nicht voneinander ab. Das senkrecht arbeitende Verfahren schneidet etwas günstiger ab. Der waagerechte Drehungszähler eignet sich hiernach bei der Untersuchung von gröberen Zwirnen ebensogut zum Aufzeichnen der Diagramme wie der senkrechte. Größere Differenzen treten bei der Untersuchung von feineren Zwirnen und von Zwirnen aus kurzstapeligen Fasern, z. B. von Streichgarnzwirn auf. Hierbei ist der Einzwirnungsgrad der zusammengedrehten Einzelfäden sehr klein, wie aus Tabelle 3 zu ersehen ist. Somit sind auch die Längenveränderungswerte, die sich bei der Prüfung von Streichgarn ergeben, sehr klein.

Am waagerechten Gerät kann der Maßstab nicht verändert werden, so daß die Diagramme ebenfalls klein ausfallen; das Auswerten ist infolgedessen erschwert. Am senkrecht arbeitenden Apparat werden große Diagramme aufgezeichnet, die eindeutig und bequem ausgemessen werden können und mit dem entsprechenden Maßstabsfaktor — einer runden Zahl — das Ergebnis rechnerisch bequem ermitteln lassen. Der senkrechte selbstschreibende Drehungszähler zeichnet also die Kurven des Verlaufs der Längenänderungen in Abhängigkeit von den Drehungen genauer auf und liefert auch exaktere Werte als das waagerecht arbeitende Gerät.

3.2 Nutzanwendung der Diagramme für die Zwirnberechnung

Beim Aufdrehen des Fertigzwirns auf dem Drehungszähler tritt eine Längenveränderung, eine Verlängerung oder Verkürzung der Vorzwirne oder Einzelgarne ein. Beim Zusammendrehen, beim Zwirnen ist es umgekehrt: einer Verlängerung beim Aufdrehen entspricht eine Verkürzung beim Zwirnen, einer Verkürzung beim Aufdrehen einer Verlängerung beim Zwirnen bei demselben Zwirn. Diese Längenveränderungen werden bei der Zwirnkalkulation beachtet. Beim Baumwollnetzzwirn $30/5 \times 3$ z. B. (siehe Tabelle 3) bedeutet das Minuszeichen des Einzwirnwertes des Vorzwirns, daß sich die fünf Gespinstfäden während des Zwirnens verkürzt haben. Der Vorzwirn besteht aus fünf Garnfäden, der Netzzwirn aus drei Vorzwirnfäden. Die Einzwirnung vom Vorgarn beträgt: $-25{,}4\%$, die vom Netzzwirn $+ 4{,}95\%$, 100 m 5fach Garn ergeben $100 - 25{,}40 = 74{,}60$ m Vorzwirn und diese ergeben: $74{,}6 + \dfrac{74{,}6 \cdot 4{,}95}{100} =$ $= 78{,}30$ m Netzzwirn $30/5 \times 3$, oder umgekehrt: um 100 m Baumwoll-Netzzwirn $30/5 \times 3$ herzustellen sind erforderlich:

$$100 - \frac{100\text{ m} - 4{,}95\%}{100 + 4{,}95} = 95{,}30\text{ m Vorzwirn aus:}$$

$$95{,}30 + \frac{95{,}3 \cdot 25{,}4}{100 - 25{,}4} = 127{,}70\text{ m 5fach Garn.}$$

Aus den Diagrammen des Drehungszählers können die Längenveränderungen durch Aufdrehen der Zwirne oder Zusammendrehen der einfachen Garne für jede beliebige Zahl von Drehungen abgelesen werden. Die Diagrammlinie stellt ein den betreffenden Zwirn kennzeichnendes Bild vom Verlauf der Längenänderungen in Abhängigkeit von den Drehungen dar, das zum Vergleich von Muster und Lieferung wie auch zur laufenden Betriebskontrolle in der Zwirnerei herangezogen werden kann.

4 Zusammenfassung

Im Laufe der Entwicklung eines Drehungszählers für Garne und Zwirne mit einer selbsttätigen Vorrichtung zum Aufzeichnen des Verlaufs der Längenänderungen in Abhängigkeit von den Auf- oder Zusammendrehungen eingespannter Einfachgarne oder Vorzwirne wurden vom Mitverfasser Guido Hahn zwei Probeapparate hergestellt, von denen der eine ältere in bisher üblicher Weise mit horizontal, der andere mit vertikal angeordneter Fadenlage arbeitet. Auf beiden Geräten wurden im Rahmen einer Diplom-Arbeit sieben verschiedene ein- und mehrdrähtige Garne vergleichend untersucht.

Wie schon die Diagramme erkennen lassen, hat der senkrecht arbeitende Drehungszähler bemerkenswerte Vorteile gegenüber dem waagerecht arbeitenden. Wenn auf die graphische Bestimmung der Längenveränderungen beim Auf- oder Zusammendrehen bei der Untersuchung von technischen Zwirnen und Garnen Wert gelegt wird, so ist das Gerät mit vertikaler Fadenlage vorzuziehen, zumal hierbei der Maßstab für die Längenänderungen der jeweiligen Feinheit der Zwirne oder Garne angepaßt werden kann und die Teilung linear ist. Die veränderten Längen, Verlängerungen oder Verkürzungen, lassen sich nach jeder beliebigen Auf- oder Zusammendrehung der Einzelgarne oder Zwirne aus dem Diagramm genau und bequem ermitteln.

Literatur

[1] *Müller, Ernst*, Die Gesetzmäßigkeiten der Verkürzungen beim Zwirnen der Gespinste. Civilingenieur **29** (1883) 6 (Abdruck: Textile Forschung, Heft 4, Nov. 1920, S. 115).

[2] *Frenzel, W.*, Ein verbesserter Drehungszähler. Melliand Textilber. **15** (1934) S. 5—7.

[3] *Frenzel, W.*, Der selbstschreibende Drehungszähler. Melliand Textilber. **18** (1937) S. 209—210.

[4] *Frenzel, W.*, Die Bestimmung des Dralls und der Längung von Reifenkord und Reifenzwirn. Faserforsch. u. Textiltechn. **2** (1951) S. 481—483.

[5] *Sommer, H.*, und *Winkler, F.*, Handbuch der Werkstoffprüfung, 2 Aufl., V. Bd.: Prüfung der Textilien, Teil 2: Mechanisch-technologische Untersuchungen, VII B.: Bestimmung der Garn- und Zwirndrehungen. Berlin/Göttingen/Heidelberg: Springer 1960.

[6] *Lichtenheldt, W.*, Zur Konstruktion von Gelenkgetrieben. Wiss. Z. Techn. Hochschule Dresden **1** (1951/52) Heft 1.

Eingegangen am 11. März 1964

Patentschau

Auszug aus Lieferung 7/8/1964 der Patentschau „Faserstoffe und Textiltechnik", Ausgabe A: Faserstoffe einschl. Kunststoffe und organ. Grundsubstanzen, zusammengestellt von der Abteilung Wissenschaftliches Berichtswesen des Instituts für Faserstoff-Forschung der DAW, Teltow-Seehof, Kantstr. 55

Die Patentschau ist nach der deutschen Patentklasseneinteilung gegliedert. Es bedeuten: DDP = DDR-Patent; DBP = Deutsches Bundespatent; DAS = (West)-Deutsche Auslegeschrift; OeP = Österreichisches Patent; PoP = Polnisches Patent; SzP = Schweizer Patent; FrP = Französisches Patent; GBP = Britisches Patent; SvP = Schwedisches Patent; SUP = Sowjetisches Patent; ČSP = Tschechisches Patent; USP = Amerikanisches Patent; — A = Anmelde-, B = Bekanntmachungs-, E = Erteilungsdatum.

Klasse 29a

FrP 1354058. Verbesserungen an synthetischen Textilfasern. Erf.: *Acsa Applicazioni Chimiche* S.p.A. Inh.: Monsanto Chemical Co. A. 29. 4. 63, E. 20. 1. 64, Int. Kl.: D 01 f. A.-Z.: 933080, Prior.: 30. 4. 62 (It: A.-Z.: 8596/62).

PoP 48052. Vorrichtung zur kontinuierlichen Behandlung von Bändern aus Viskose oder anderen Fasern mit Flüssigkeiten. Erf. u. Inh.: Ufnowski, Waclaw, Radom (Po). A. 27. 7. 62, E. 15. 1. 64. Kl.: 29a, 6/06.

FrP 1349470. Polyamidfäden mit verminderter Schrumpfung und verbessertem Modul. Verfahren zur Herstellung dieses Fadens und Vorrichtung zur Durchführung dieses Verfahrens. Erf.: *R. H. Carter* u. *P. Giacobone*. Inh.: Snia Viscosa Società Nazionale Industria Applicazioni Viscosa S. p. A. A. 12. 12. 62, E. 9. 12. 63. Int. Kl.: D 01 d; D 06 c, A.-Z.: 918407. Prior.: 12. 12. 61 (It. A.-Z.: 22307/61).

SUP 159932 (Urheberschein). Verfahren zur Abkühlung von Fäden aus Chemiefasern während des Spinnprozesses durch einen Gas- oder Dampfstrom. Erf.: *G. Buschmann, H.-D. Gotthardt* u. *H. Koch*. A. 15. 10. 62, B. 14. 1. 64. Kl.: 29 a, 6/31. A.-Z.: 798775/28—12.

SUP 159933 (Urheberschein). Vorrichtung zur Abkühlung von Fäden aus Chemiefasern während des Spinnprozesses durch einen Gas- oder Dampfstrom. Erf.: *G. Buschmann, H.-D. Gotthardt* u. *H. Koch*. A. 15. 10. 62, B. 14. 1. 64. Kl.: 29 a, 6/31. A.-Z.: 798775/28—12.

USP 3118790: Vorrichtung zur Behandlung von Fäden und Garnen. Erf.: *C. J. Gonsalves*. Inh.: American Enka Corp., Enka, N. C. A. 26. 10. 59, E. 21. 1. 64. Kl.: 118—44. 4 Anspr., A.-Z.: 848598. Prior.: 10. 11. 58 (Nd).

FrP 1349889 (Aj.). Verbessertes Verfahren zur Herstellung von stark gekräuselten synthetischen Fäden und Vorrichtung dazu. Inh.: Moulinage et Retorderie de Chavanoz. A. 19. 4. 62, E. 16. 12. 63. Int. Kl.: D 01 d. A.-Z.: 895067.

USP 3118269. Verfahren und Vorrichtung zur Herstellung eines neuen Bauschgarnes. Erf. *E. Bilsky*. Inh.: Celanese Corp. of America, New York, N. Y. A. 31. 8. 59, E. 21. 1. 64. Kl.: 57—34. 20 Anspr. A.-Z.: 836986.

FrP 82316 Zus. z. Pat. 1219240 (Aj.). Verfahren und Anlage zur Herstellung von langen Fasern und leichtem Stoff, mit allen schmelzbaren Mineralstoffen variierbar, besonders mit Glas und seinen Derivaten; daraus resultierende Produkte. Inh.: Despres, J. A. 14. 6. 62, E. 16. 12. 63. Int. Kl.: D 01 d; C 03 b, A.-Z.: 1897, Vaucluse.

DAS 1158661. Verfahren und Vorrichtung zum mechanischen Auflösen von mit Fasern ausgerüsteten Kokosschalen in Faserbündel. Erf.: *R. Dilo*. Anm.: Oskar Dilo, Maschinenfabrik KG, Eberbach/Neckar. A. 9. 7. 60, B. 5. 12. 63. Kl.: 29 a, 7. A.-Z.: D 33744.

Klasse 29b

PoP 47839. Verfahren zur Zubereitung eines Spinnbades für Viskosefasern. Erf.: *H. Lisik*. Inh.: Ststytut Włókien Sztucznych i syntetysznych, Łódź (Po), A. 31. 10. 62, E. 15. 12. 63. Kl.: 29 b, 3/10.

FrP 82282 Zus. z. Pat. 1266492 (Aj.). Verbesserungen bei der Herstellung von Fäden, Fasern, Zwirnen und Filmen aus Regeneratcellulose. Inh.: CTA Compagnie Industrielle de Textiles Artificiels et Synthétiques. A. 20. 7. 62, E. 9. 12. 63. Int. Kl.: D 01 f. A.-Z.: 904601.

FrP 1351324. Verfahren zur Herstellung von Mischungen aus künstlichen Fasern. Inh.: Ajinomoto Co. Inc., u. Fuji Spinning Co., Ltd. A. 22. 3. 63, E. 23. 12. 63. Int. Kl. D 01 f, A.-Z.: 928861. Prior.: 27. 3. 62 (Ja; A.-Z.: 11254/1962).

DDP 26548. Verfahren zur Herstellung von Monofilen aus α-Olefinpolymeren oder diese enthaltenden Mischungen. Erf.: *E. Baratti*. Inh.: Montecatini Soc. Gen. per l'Industria Mineraria e Chimica, Milano [It). A. 27. 7. 59, Ausg. 24. 12. 63, Kl.: 29b, 3/60. A.-Z.: P 29b/62554.

DDP 26453. Verfahren zur Verbesserung der Farbbeständigkeit von Polyacrylnitrilfäden. Erf.: *V. I. Furness, F. Reeder* u. *H. D. Mackenzie*. Inh.: Courtaulds Ltd., London (GB). A. 5. 5. 61, Ausg. 14. 12. 63, Kl.: 29b, 3/65. A.-Z.: P 29b/73674.

DAS 1162028. Verfahren zur Herstellung schlitzfähiger, synthetischer Borsten. Erf.: *W. Müller* u. *F. Müller*. Anm.: Werkzeugfabrik Standard Franz Müller, Spich (Siegkr.). A. 4. 3. 58, B. 30. 1. 64, Kl.: 29b, 3/65. A.-Z.: W 22888.

OeP 233162 Zus. z. Pat. 227866. Verfahren zur Herstellung färbbarer Textilfasern. Erf.: *V. Cappuccio, C. Caldo* u. *G. Cantatore*. Inh.: Montecatini Soc. Gen. per l'Industria Mineraria e Chimica, Mailand, 19. 7. 61/ 15. 9. 63/15. 3. 64, Kl.: 29b, 15/04. A.-Z.: 5553/61. Prior.: 20. 7. 60; 3. 3. 61; 24. 5. 61 (It).

FrP 82381 Zus. z. Pat. 1315797. Fäden aus künstlichen oder synthetischen Fasern. Inh.: Ernest Scragg & Sons Ltd. A. 27. 9. 62, E. 23. 12. 63, Int. Kl.: D 01d. A.-Z.: 910569.

FrP 1349974 (Aj.). Verfahren zur Herstellung von Acrylfasern. Inh.: Asahi Kasei Kogyo Kabushiki Kaisha. A. 12. 11. 62, E. 16. 12. 63, Int. Kl.: D 01f. A.-Z.: 915116.

FrP 1350931. Verfahren zur Herstellung eines Faserstoffes aus einem thermoplastischen Polymeren. Inh.: N. V. Onderzoekingsinstituut Research. A. 22. 1. 63, E. 23. 12. 63. Int. Kl.: D 01f; C 08f. A.-Z.: 922202. Prior.: 23. 1. 62 (Nd; A.-Z.: 273889).

FrP 1353521 (Aj.). Verfahren zur Herstellung synthetischer Acrylnitrilfasern. Inh.: Asahi Kasei Kogyo Kabushiki Kaisha. A. 28. 12. 62, E. 20. 1. 64, Int. Kl.: D 01f. A.-Z.: 920112.

FrP 1353688. Erspinnen wäßriger Dispersionen von Vinylpolymeren in Emulsion. Erf.: *G. A. Richter jr.* Inh.: Rohm & Haas Co. A. 6. 2. 63, E. 20. 1. 64, Int. Kl.: D 01f; C 08f. A.-Z.: 923930. Prior.: 26. 2. 62 (US; A.-Z.: 175808).

GBP 943171. Herstellung von Pfropfcopolymeren. Inh.: Toyo Spinning Co. Ltd. A. 9. 2. 62, E. 4. 12. 63, Kl.: C 3. G, Int. Kl.: C 08f. A.-Z.: 5033/ 62, Prior.: 9. 2. 61 (Ja; A.-Z.: 4482).

GBP 943846. Polyacrylnitrilfäden. Inh.: Courtaulds Ltd. A. 9. 5. 62, E. 11. 12. 63, Kl.: B5.B, Int. Kl.: D 01d; D 01f. A.-Z.: 16965/61.

PoP 47940. Verfahren zur Herstellung von porenfreien Fasern aus Polyacrylnitril oder seinen Copolymeren. Erf.: *J. Cypryk, S. Piechucki*, u. *M. Laczkowski*. Inh.: Instytut Włókien Sztucznych i Syntetycznych, Łódź (Po). A. 2. 3. 62, E. 15. 12. 63, Kl.: 29b, 3/65.

PoP 47995. Wäßrige Pigmentpaste zum Spinnfärben von Polyacrylnitrilfasern. Inh.: Wolskie Zakłady Przemysłu Barwników. Erf.: *M. Kopa, L. Jajte, J. Bajan* u. *K. Jakubczak*. A. 14. 4. 62, E. 15. 1. 64, Kl.: 8m, 1/01.

PoP 47996. Kontinuierliches Verfahren zur Herstellung von Fasern aus Polyacrylnitril oder seinen Copolymeren. Erf.: *W. Wroński, J. Bajan* u. *J. Gebalski*. Inh.: Łódzkie Zakłady Włókien Sztucznych, Łódź (Po). A. 5. 3. 62, E. 15. 1. 64, Kl.: 29b, 3/65.

PoP 48099. Verfahren zur Herstellung von wäßrigen Spinnlösungen aus Polyvinylalkohol. Erf.: *W. Sopiela, M. Sobolewski, E. Masłowski, Z. Rybicki* u. *J. Cypryk*. Inh.: Instytut Włókien Sztucznych i Syntetycznych, Łódź (Po). A. 15. 3. 63, E. 15. 1. 64, Kl.: 29b, 3/70.

SUP 159934 (Urheberschein). Verfahren zur thermischen Stabilisierung von Vinylpolymeren. Erf.: *N. V. Michajlov, L. G. Kokareva, Z. A. Žandareva* u. *P. A. Kirpičnikov*. A. 20. 11. 62, B. 14. 1. 64, Kl.: 29b, 3/65. A.-Z.: 804124/23—4.

SUP 159935 (Urheberschein). Komposition für die antistatische Ausrüstung von synthetischen Spinnfasern. Erf.: *N. I. Rozenbljum, E. S. Gurdzi, M. S. Kopytina, B. M. Charitonov, G. N. Charitonova, V. B. Nikonova, A. I. Lebedeva, A. V. Saburova, T. N. Got'e* u. *G. P. Tolpygina*. A. 16. 8. 62, B. 14. 1. 64, Kl. 29b, 5/01. A.-Z.: 793540/23—4.

GBP 943689. Stickstoffverbindungen. Inh.: Imperial Chemical Industries Ltd. A. 18. 8. 61, E. 4. 12. 63, Kl.: C3.R, Int. Kl.: C 08g. A.-Z.: 30993/60.

Klasse 39c

GBP 943623. Polyurethane. Inh.: Shell Research Ltd. A. 5. 5. 61, E. 4. 12. 63, Kl.: C3.R, Int. Kl.: C 08g. A.-Z.: 16795/60.

DBP 1068465. Zus. zu Anm. B 39928 (DAS 1061072). Verfahren zur Herstellung von Polyamiden. Erf.: *F. Becke* u. *K. Wick*. Anm.: Badische Anilin- & Sodafabrik AG, Ludwigshafen/Rhein, 28. 8. 56/5. 11. 59/erteilt, Kl.: 39c. 10. A.-Z.: B 41557.

DAS 1162562. Verfahren zur kontinuierlichen Polykondensation von Dicarbonsäuren und Diaminen bzw. deren Salzen. Erf.: *F. Wiloth* u. *H.-M. Koepp*. Anm.: Vereinigte Glanzstoff-Fabriken AG, Wuppertal-Elberfeld. A. 26. 4. 61, B. 6 2. 64, Kl.: 39c, 10. A.-Z.: V 20564.

FrP 1348473 (Aj.). Neue Copolyamide und Verfahren für ihre Herstellung aus ε-Caprolactam. Inh.: Kurake Spinning Co. Ltd. A. 23. 11. 62, E. 2. 12. 63, Int. Kl.: C 08g. A.-Z.: 916462.

FrP 1351240. Verfahren zur Herstellung von Polyamiden. Inh.: N. V. Onderzoekingsinstituut Research. A. 20. 3. 63, E. 23. 12. 63, Int. Kl.: C 08g. A.-Z.: 928635. Prior.: 21. 3. 62 (Nd; A.-Z.: 276218).

DBP 1048412. Verfahren zur Herstellung von als Textilhilfsmittel geeigneten Kondensationsprodukten. Erf.: *H. Wedell*. Anm.: Böhme Fettchemie GmbH, Düsseldorf, Henkelstr. 67, 18. 4. 56/8. 1. 59/erteilt, Kl.: 39c, 13. A.-Z.: B 39910.

GBP 943175. Formaldehydpolymere. Inh.: Montecatini Soc. Gen. per l'Industria Mineraria e Chimica. A. 23. 2. 62, E. 4. 12. 63, Kl.: C3.P, Int. Kl.: C 08f. A.-Z.: 7186/62. Prior.: 28. 2. 61 (It; A.-Z.: 3778 entspr. DAS 1161023).

DDP 26239. Verfahren zur Herstellung eines sich im Sonnenlicht nicht verfärbenden Methacrylsäuremethylester-Kaltpolymerisats. Erf. u. Inh.: *Peter Möckel*, Leipzig, u. *Günter Stärk*, Leipzig. A. 30. 7. 58, Ausg. 23. 11. 63, Kl.: 39c, 25/01. A.-Z.: WP 39c/56176.

DAS 1162083. Verfahren zur Herstellung von Polymaleinsäureanhydrid. Erf.: *C. Heuck* u. *M. Lederer*. Anm.: Farbwerke Hoechst AG vorm. Meister Lucius & Brüning, Frankfurt/M. A. 18. 8. 62, B. 30. 1. 64, Kl.: 39c, 25/01. A.-Z.: F 37622.

DAS 1162084. Verfahren zur Herstellung von Mischpolymerisaten auf Basis von Styrol. Erf.: *G. Messina, N. Depisapia, L. Spano, C. Maderno* u. *E. Condorelli*. Anm.: L. I. R. C. Laboratori Italiani di Ricerca Chimica S. p. A., Mailand (It). A. 4. 1. 60, B. 30. 1. 64, Kl.: 39c, 25/01. A.-Z.: L 35056. Prior.: 12. 1. 59; 21. 10. 59; 23. 10. 59 (It; A.-Z.: 487, 22293; 22346).

DAS 1162566. Verfahren zur Herstellung von Alkenpolymeren. Erf.: *O. E. van Lohuizen* u. *H. J. Geursen*. Anm.: N. V. Onderzoekingsinstituut Research, Arnheim (Nd). A. 10. 8. 62, E. 6. 2. 64, Kl.: 39c, 25/01. A.-Z.: N 21940. Prior.: 10. 8. 61 (Nd; A.-Z.: 268101).

DAS 1163027. Verfahren und Vorrichtung zur kontinuierlichen Herstellung von Polyacrylnitril und seinen Copolymeren in Dimethylformamid. Erf.: *A. Hunyar, H. Reichert, H. Fark* u. *M. Kubanczyk*. Anm.: Deutsche Akademie der Wissenschaften zu Berlin, Berlin-Adlershof. A. 26. 1. 61, B. 13. 2. 64, Kl.: 39c, 25/01. A.-Z.: D 35265.

DAS 1163029. Verfahren zur Polymerisation von Vinylformiat. Erf.: *S. Imoto, K. Fujii, J. Ukida* u. *M. Matsumoto*. Anm.: Kurashiki Rayon Co. Ltd., Kurashiki (Ja), A. 15. 7. 60, B. 13. 2. 64, Kl.: 39c, 25/01. A.-Z.: K 41195. Prior.: 16. 7. 59 (Ja; A.-Z.: 22801).

SzP 375146. Verfahren zur Polymerisation von Vinyläthern. Erf.: *G. Natta, G. Mazzanti* u. *U. Giannini*. Inh.: Montecatini Soc. Gen. per l'Industria Mineraria e Chimica, Mailand (It). A. 15. 12. 58, E. 15. 2. 64, Kl.: 39c, 25/01, A.-Z.: 67338/58. Prior.: 19. 12. 57 (It; A.-Z.: 18086/57).

FrP 1351260. Verfahren zur Polymerisation von Vinylmonomeren unter Anwendung von Verbindungen von Elementen der Gruppen I, II und III als Katalysatoren. Erf.: *M. Ragazzini, E. Gallinella* u. *G. Borsini*. Inh.: Sicedison S. p. A. A. 20. 3. 63, E. 23. 12. 63, Int. Kl.: C 08f. A.-Z.: 928676. Prior.: 20. 3. 62 (It; A.-Z.: 5458/62).

GBP 944089. Polymerisation von Vinyl-t-butyläther. Inh.: Montecatini Soc. Gen. per l'Industria Mineraria e Chimica. A. 18. 6. 62, E. 11. 12. 63. Kl.: C3.P, Int. Kl.: C 08f. A.-Z.: 23409/62. Prior.: 23. 6. 61 (It; A.-Z.: 11604).

GBP 944217 Zus. z. Pat. 796294. Polyacrylnitrillösungen. Inh.: Courtaulds Ltd. A. 24. 6. 60, E. 11. 12. 63, Kl.: C3.P, Int. Kl.: C 08f. A.-Z.: 21804/59.

PoP 47799. Verfahren zur Herstellung von faserbildendem Polyvinylalkohol. Erf.: *M. Tokarzewska, J. Jabłońska, H. Pietkiewicz* u. *J. Mituś*. Inh.: Zakłady Chemiczne „Oświecim", Oświecim (Po). A. 27. 2. 62, E. 15. 12. 63, Kl.: 39c, 25/01.

SUP 159655 (Urheberschein). Kontinuierliches Verfahren zur Herstellung von Polyvinylacetat. Erf.: *L. A. Višnevskij, A. N. Levin, L. N. Revenkov*, A. 29. 12. 62, B. 28. 12. 63, Kl.: 39c, 25/01. A.-Z.: 810894/23—4.

SUP 159656 (Urheberschein). Verfahren zur Herstellung von Polymethylmethacrylat. Erf.: *E. N. Kan'kovskaja, A. S. Eremenko* u. *O. M. Alimpieva*. Anm.: Wolgograder Forschungsinstitut für Maschinenbau. A. 8. 2. 63, B. 28. 12. 63, Kl.: 39c, 25/01. A.-Z.: 819274/23—4.

SUP 159657 (Urheberschein). Verfahren zur Herstellung von Pfropfcopolymeren. Erf.: *R. M. Livšic* u. *Z. A. Rogovin*. A. 8. 12. 62, B. 28. 12. 63, Kl.: 39c, 25/01. A.-Z.: 807130/23—4.

SUP 159984 Zus. z. Pat. 136549 (Urheberschein). Verfahren zur Polymerisation von gasförmigen Olefinen. Erf.: *Z. V. Archipova, B. A. Belevcev, N. A. Belotelov, M. G. Volochovskij, N. A. Rubinčtejn, S. V. Scuckij, E. A. Janovskij* u. *A. I. Zil'berman*. A, 17. 11. 61, B. 14. 1. 64, Kl.: 39c, 20/02. A.-Z.: 752229/23—5.

SUP 159986 (Urheberschein). Verfahren zur Herstellung von Polyvinylenen. Erf.: *Ja. M. Pauškin, A. P. Smirnov* u. *B. V. Bočarov*. A. 28. 7. 62, B. 14. 1. 64, Kl.: 39c, 25/01. A.-Z.: 788951/23—4.

SUP 159987 (Urheberschein). Verfahren zur Herstellung gefärbter Vinylpolymerer. Erf.: *A. I. Turbina* u. *V. G. Sinjavskij*. A. 5. 10. 62, B. 14. 1. 64, Kl.: 39c, 25/01. A.-Z.: 797357/23—4.

USP 3118862. Copolymere von Vinylchloroformiat mit Acrylnitril oder Vinylacetat. Erf.: *J. R. Schaefgen*. Inh.: E. I. du Pont de Nemours & Co., Wilmington, Del. A. 5. 7. 60, E. 21. 1. 64, Kl.: 260—77,5, 3 Anspr. A.-Z.: 40502.

Klasse 42k, 50

SUP 160021 (Urheberschein). Gerät zur Bestimmung der Dampfdurchlässigkeit von Geweben, Papier und anderen Materialien. Erf.: *I. A. Dimitrieva* u. *L. A. Flekser*. A. 29. 12. 62, B. 14. 1. 64, Kl.: 42k, 50. A.-Z.: 810873/28—12.

SUP 160022 (Urheberschein). Zus. z. Pat. mit A.-Z.: 817714. Gerät zur Bestimmung der Kräuselung einer Faser. Erf.: *L. A. Flekser* u. *L. L. Gurrič*. A. 5. 2. 63, B. 14. 1. 64, Kl.: 42k, 50, A.-Z.: 817716/28—12.

Literaturschau

Auszug aus Lieferung 7 und 8/1964 des Dokumentationsdienstes „Faserstoffe und Textiltechnik“, zusammengestellt von der Abteilung Wissenschaftliches Berichtswesen des Instituts für Faserstoff-Forschung der DAW, Teltow-Seehof, Kantstr. 55

I. Wissenschaftliche Grundlagen

Physik und Chemie der Hochpolymeren

Crewther, W. G., Mittlere quadratische Länge von statistischen Polypeptidketten und die Länge von Proteinfasern. J. Polymer Sci. Part A 2 (1964) 1, S. 123–130.

Kaye, A., Saunders, D. W., Ein konzentrisches Zylinderviskosimeter zur Messung der Strömungsdoppelbrechung und Viskosität in konzentrierten polymeren Lösungen. J. sci. Instruments 41 (1964) 3, S. 139–144.

Büchs, L., Mertes, F., Vereinfachte Methode zur Messung des Durchschnittspolymerisationsgrades von nativer und regenerierter Cellulose in einer modifizierten Cuoxam-NaOH-Lösung. Melliand Textilber. 45 (1964) 3, S. 275–276.

Frensdorff, H. K., Diffusion und Sorption von Dämpfen bei Äthylen-Propylen-Copolymeren. II. Diffusion. J. Polymer Sci., Part A 2 (1964) 1, S. 341–355.

Shirakashi, K., Kuriyama, I., Ishikawa, K., Untersuchungen über das photoviskoelastische Verhalten der Polyäthylenterephthalatfaser. 2. Der Einfluß der thermischen Behandlung auf die Temperaturabhängigkeit der optisch gemessenen Retardation für die kaltgestreckte Polyäthylenterephthalatfaser. J. Soc. Textile Cellulose Ind., Japan 19 (1963) 12, S. 937–943, (jap., engl. Zusammenfass.).

Ruscher, Ch., Schmolke, R., Ultrarotdichroismus von Acrylnitril-Copolymeren. Mber. dt. Akad. Wiss. Berlin 6 (1964) 1, S. 67–68.

Kupel, R. E., Nolan, M., Keenan, R. G., Hite, M., Scheel, L. D., Massenspektrometrische Identifizierung der Abbauprodukte von Polytetrafluoräthylen und Polyfluoräthylenpropylen. Analytic. Chem. 36 (1964) 2, S. 386–389.

Gusev, S. S., Ermolenko, I. N., Über die Messung der UR-Absorptionsspektren natürlicher Cellulosefasern. Zavodsk. Labor., Moskva (Betriebslabor) 30 (1964) 2, S. 181–183.

Frigge, K., Zur Kernresonanz an Polytetrafluoräthylen. Z. physik. Chemie, Leipzig 224 (1963) 5/6, S. 430–432.

Ormerod, M. G., Charlesby, A., Die Strahlungschemie von Polymethacrylsäure, Polyacrylsäure und deren Ester. Eine Untersuchung durch Elektronenspinresonanz. Polymer, London 5 (1964) 2, S. 67–88.

Yoda, N., Matsubara, I., Untersuchungen über Struktur und Eigenschaften von aromatischen Polyamiden. II. Strukturaufklärung von Poly(m-xylylenadipamid. J. Polymer Sci., Part A 2 (1964) 1, S. 243–265.

Michajlov, N. V., Moderne Struktur- und Festigkeitsprobleme von Chemie-Fasern. Chim. Volokna (Chem. Fasern) 6 (1964) 1, S. 7–19.

Siegle, J. C., Muus, L. T., Tung-Po Lin, Larsen, H. A., Die Molekülstruktur von Perfluorcarbonpolymeren. II. Pyrolyse von Polytetrafluoräthylen. J. Polymer Sci., Part A 2 (1964) 1, S. 391–404.

Rogovin, Z. A., Neue Methoden zur Modifizierung der Eigenschaften der Cellulose. Chim. Volokna (Chem. Fasern) 6 (1964) 1, S. 19–26.

Betrabet, S. M., Iyengar, R. L. N., Struktureigenschaften von Baumwollfasern. Teil III. Beziehung zwischen Windungswinkel und Festigkeit zwischen verschiedenen Faserarten. Textile Res. J. 34 (1964) 1, S. 46–52.

Ruland, W., Parameter der Kristallinität und Unordnung bei Polyamid-6 und Polyamid-7. Polymer, London 5 (1964) 2, S. 89–102.

Shirakashi, K., Kuriyama, I., Tomiita, K., Untersuchungen über die Wärmebehandlung gestreckter Polyäthylenterephthalatfasern. 1. Einfluß der Heiztemperatur auf die Molekülorientierung in Polyäthylenterephthalatfäden. J. Soc. Textile Cellulose Ind., Japan 19 (1963) 12, S. 944–952. (jap., engl. Zusammenfass.).

Skertchly, A. R. B., Strukturelle rheologische Phasen in Wollkeratin. J. Textile Inst. 55 (1964) 2, S. T 154–T 161.

Larose, P., Die Dichte von Wolle in Kohlenwasserstoffen. Textile Res. J. 34 (1964) 1, S. 80–81.

Crewther, W. G., Vernetzungen in Wollfasern und ihre Beziehung zu der Zweistufen-Superkontraktion der Wollfasern in LiBr-Lösungen. J. Polymer. Sci., Part A 2 (1964) 1, S. 131–147.

Crewther, W. G., Kovalente säureempfindliche Vernetzungen in Wolle. J. Polymer Sci., Part A 2 (1964) 1, S. 149–166.

Böhme, G., Kling, W. Krupp, H., u. a. Haftung kleiner Teilchen an Feststoffen. Teil I. Messungen der Haftkraft in gasförmigen Medien. Z. angew. Physik 16 (1964) 6, S. 486–490.

Borodina, O. O., Perepelkin, K. E., Über die thermische Beständigkeit von Polyvinylalkohol. Plastičeskie Massy, Moskva (Plast. Massen) (1964) 1, S. 7–11.

Michajlov, G. P., Lobanov, A. M., Ševelev, V. A., Orlova, T. P., Temperaturabhängigkeit von tg δ und ε' von Polyäthylen im Bereich von überhohen Frequenzen. Plastičeskie Massy, Moskva (Plast. Massen) (1964) 2, S. 9–12.

Sinjavskij, V. G., Turbina, A. I., Methoden zur Bestimmung von primären Aminogruppen und zur Kontrolle der Diazotierungs- und Kupplungsvorgänge von aromatischen Aminopolymeren. Plastičeskie Massy, Moskva (Plast. Massen) (1964) 2, S. 63–64.

Šrámek, J., Chromatographie der synthetischen Farbstoffe. II. Chromatographie der wasserlöslichen Farbstoffe. Věda Výzk. Prům. textilním, Praha (Wiss. Forsch., Textilind.) 6 (1963) S. 99–129.

Petrov, K. A., Paršina, V. A., Cypina, G. H., Luzanova, M. B., Phosphorhaltige Polymere auf der Basis von Polyamidophosphiniten und Phosphiten. Plastičeskie Massy, Moskva (Plast. Massen) (1964) 1, S. 20–23.

Polymerisation

Berger, R. S., Youngman, E. A., Emulsionspolymerisation von Vinylmonomeren durch Übergangsmetallverbindungen. J. Polymer Sci., Part A 2 (1964) 1, S. 357–365.

Kazanskij, K. S., Evreinov, V. V., Entelis, S. G., Kinetik der heterogenkatalytischen Polymerisation von Äthylenoxid in Gegenwart von Strontiumcarbonat. Izv. Akad. Nauk SSSR, Serija chim. (Nachr. Akad. Wiss. UdSSR, Chemie) (1964) 2, S. 274–281.

Razuvaev, G. A., Minsker, K. S., Sangalov, Ju. A., Polymerisation einiger Olefin- und Vinylmonomerer in Gegenwart von Diäthylbuten(1)-yl-1-aluminium und unter Zugabe von Titanhalogeniden. Dokl. Akad. Nauk SSSR (Ber. Akad. Wiss. UdSSR) 154 (1964) 6, S. 1398–1401.

Baer, M., Anionische Blockpolymerisation. II. Darstellung und Eigenschaften von Blockcopolymeren. J. Polymer. Sci., Part A 2 (1964) 1, S. 417–436.

Firsov, A. P., Kašporov, B. N., Čirkov, N. M., Polymerisation von Propylen in Gegenwart von α-$TiCl_3$-$Zn(C_2H_5)_2$. I. Polymerisationsgeschwindigkeit und stereoisomere Zusammensetzung des gebildeten Polypropylens. Vysokomol. Soed. (Hochmol. Verbind.) 6 (1964) 2, S. 352–356.

Firsov, A. P., Ter-Gazarjan, A. D., Čirkov, N. M., Polymerisation von Propylen in Gegenwart von α-$TiCl_3$-$Zn(C_2H_5)_2$. II. Studium der das Molekulargewicht von Polypropylen bestimmenden Faktoren. Vysokomol. Soed. (Hochmol. Verbind.) 6 (1964) 2, S. 357–361.

Kennedy, J. P., Minckler jr., L. S., Thomas, R. M., Kationische Polymerisation von 3-Methylbuten-1. I. Polymerisationen bei mäßig-tiefen Temperaturen. J. Polymer Sci., Part A 2 (1964) 1, S. 367–380.

Kennedy, J. P., Kationische Polymerisation von 3-Methylbuten-1. II. Polymerisation bei extrem tiefen Temperaturen. J. Polymer Sci., Part A 2 (1964) 1, S. 381–390.

Minsker, K. S., Sangalov, Ju. A., Graevskij, A. I., Razuvaev, G. A., Tieftemperatur-Polymerisation von Vinylchlorid in Gegenwart des Systems: aluminiumorganische Verbindung – Sauerstoff. Vysokomol. Soed. (Hochmol. Verbind.) 6 (1964) 2, S. 269–273.

Ženevskaja, M. G., Šeremeteva, T. V., Koton, M. M., Synthese und Polymerisation von p-Butyl- und p-Butyrophenylmethacrylestern. Mitt. 3. Über die Beziehung zwischen der Struktur und der Polymerisationsfreudigkeit der Ester. Izv. Akad. Nauk SSSR, Serija chim. (Nachr. Akad. Wiss. UdSSR, Chemie) (1964) 2, S. 331–334.

Glusker, D. L., Galluccio, R., A. Evans, R. A., Der Mechanismus der anionischen Polymerisation von Methylmethacrylat. III. Einflüsse von Lösungsmitteln auf die sterische Regelmäßigkeit und die Geschwindigkeiten bei durch Fluorenyllithium ausgelösten Polymerisationen. J. amer. chem. Soc. 86 (1964) 2, S. 187–196.

Azimov, Z. A., Korotkov, A. A., Micengendler, A. P., Kinetik und Mechanismus der Polymerisation von tert. Butylmethacrylat unter Einwirkung von Lithium-n-butyl. Izv. Akad. Nauk SSSR, Serija chim. (Nachr. Akad. Wiss. UdSSR, Chemie) (1964) 1, S. 55–61.

Braun, D., Heufer, G., Seufert, W., Polymerisation von α-Methylstyrol durch Bestrahlung mit Elektronen. Kolloid-Z./Z. Polymere 194 (1964) 1, S. 2–4.

Šostakovskij, M. F., Bogdanova, A. V., Šamachmudova, S., Hochmolekulare Polymere von Vinyl-n-butyläther. Izv. Akad. Nauk SSSR, Serija chim. (Nachr. Akad. Wiss. UdSSR, Chemie) (1964) 2, S. 363–365.

Černichov, A. Ja., Margaritova, M. F., Untersuchung der Emulsionspolymerisation in Gegenwart von sulfiertem Polystyrol. Vysokomol. Soed. (Hochmol. Verbind.) 6 (1964) 2, S. 227–230.

Beckerbauer, R., Baumgarten, H. E., Darstellung und Reaktionen von p-Cyanostyrol-Styrol-Copolymeren. J. Polymer Sci., Part A 2 (1964) 1, S. 503–510.

Kreisel, M., Garbatski, U., Kohn, D. H., Copolymerisation von Styrol. I. Copolymerisation von Nitrilgruppen in der Seitenkette enthaltenden Styrolderivaten. J. Polymer Sci., Part A 2 (1964) 1, S. 105/121.

Rjabov, V. A., Semčikov, Ju. D., Slavnickaja, N. N., Vachrusova, V. N., Über die Möglichkeit der Regulierung des Alternierungsgrades bei der Copolymerisation von Styrol und 2-Vinylpyridin. Dokl. Akad. Nauk SSSR (Ber. Akad. Wiss. UdSSR) 154 (1964) 5, S. 1135–1138.

Nikolaev, A. F., Ušakov, S. N., Miškiloeva, L. S., Copolymerisation von N-Vinylsuccinimid und Vinylacetat. Vysokomol. Soed. (Hochmol. Verbind.) 6 (1964) 2, S. 287–291.

Sokolov, L. B., Tureckij, L. V., Polykondensation an der Grenzfläche Flüssigkeit – Gas. VII. Gesetzmäßigkeiten der Interphasensynthese von aliphatischen Polyharnstoffen. Vysokomol. Soed. (Hochmol. Verbind.) 6, (1964) 2, S. 346–351.

Aleev, K. M., Ušakov, S. N., Über die Synthese von Polyurethanen mit regelmäßig aufeinanderfolgenden seitlichen ungesättigten Abzweigungen. Izv. Akad. Nauk SSSR, Serija chim. (Nachr. Akad. Wiss. UdSSR, Chemie) (1964) 2, S. 344–346.

Morgan, P. W., Kwolek, S. L., Amin-Säureakzeptoren zur Herstellung von Piperazinpolyamiden durch Tieftemperatur-Lösungspolykondensation. J. Polymer Sci., Part A 2 (1964) 1, S. 209–217.

Morgan, P. W., Kwolek, S. L., Tieftemperatur-Lösungspolykondensation von Piperazinpolyamiden. J. Polymer Sci., Part A 2 (1964) 1, S. 181–208.

Čefelin, P., Doskočilová, D., Frydrychová, A., Šebenda, J., Alkalische Polymerisation von γ-Methylcaprolactam. Coll. czechoslov. chem. Commun. 29 (1964) 2, S. 485–491.

Lipatova, T. E., Katalytische Polymerisation von ungesättigten Polyestern. Carbonium-Polymerisation von Polyesteracrylaten. Plastičeskie Massy, Moskva (Plast. Massen) (1964) 1, S. 3–7.

Koršak, V. V., Vinogradova, S. V., Papava, G. Š., Über Polyester mit Heteroketten. Mitt. 53. Über Misch-Blockpolyarylate auf der Basis von Polyäthylenoxid, Dian und Terephthalylchlorid. Izv. Akad. Nauk SSSR, Serija chim. (Nachr. Akad. Wiss. UdSSR, Chemie (1964) 1, S. 132–141.

Koršak, V. V., Vinogradova, S. V., Pankratov, V. A., Baskalov, A. I., Über Polyester mit Heteroketten. Mitt. 54. Synthese und Untersuchung von neuen Polyarylat-Typen auf der Basis von Phenyl-bis(4-oxyphenyl)-methan und Diphenyl-bis(4-oxyphenyl)methan. Izv. Akad. Nauk SSSR, Serija chim. (Nachr. Akad. Wiss. UdSSR, Chemie) (1964) 1, S. 141–148.

Papava, G. Š., Vinogradova, S. V., Koršak, V. V., Ciskarišvili, P. D., Über Polyester mit Heteroketten. Mitt. 56. Über Misch-Blockpolyarylate auf der Basis von Polypropylenoxid, zweiwertigen Phenolen und aromatischen Dicarbonsäurechloriden. Izv. Akad. Nauk SSSR, Serija chim. (Nachr. Akad. Wiss., UdSSR, Chemie) (1964) 1, S. 149–155.

II. Faserstoffe. Ausgangsstoffe usw.

Naturfaserstoffe

Pflanzenfaserstoffe

von Hornuff, G., Richter, H., Studien über die chemische Zusammensetzung der Baumwollfasern verschiedener Anbaugebiete. Faserforsch. u. Textiltechnik **15** (1964) 4, S. 165–179.

Tierische Faserstoffe

Jenkins, A. D., Wolfram, L. J., Beobachtungen über die Fixierungseigenschaften von Keratinfasern. J. Soc. Dyers Colourists **80** (1964) 2, S. 65 bis 68.

Chemiefaserstoffe

Regeneratfaserstoffe

Mogilevskij, E. M., Herstellung von Viskosefasern. Chim. Volokna (Chem. Fasern) **6** (1964) 1, S. 34–39.
Pečený, R., Zur Bestimmung des Luftgehaltes in Spinnviskosen. Faserforsch. u. Textiltechnik **15** (1964) 4, 157–165.
Baudisch, J., Philipp, B., Schmiedeknecht, H., Schleicher, H., Zum Einfluß des Gelteilchengehaltes von Viskosespinnlösungen auf die Festigkeit daraus hergestellter Celluloseregeneratfäden und deren Teilchenzahl nach Lösen in EWNN. Faserforsch. u. Textiltechnik **15** (1964) 4, S. 153–157.
Kostrov, Ju. A., Rožcnskaja, F. M., Sokolova, V. A., Herstellung der Acetatfasern. Chim. Volokna (Chem. Fasern) **6** (1964) 1, S. 39–43.

Synthetische Faserstoffe

Ajzenštejn, E. M., Herstellung von Polyesterfasern. Chim. Volokna (Chem. Fasern) **6** (1964) 1, S. 50–56.
Pakšver, A. B., Herstellung von Polyamidfasern. Chim. Volokna (Chem. Fasern) **6** (1964) 1, S. 43–50.
Nylonstrukturgarn für die Teppichherstellung. Textile Rec. **81** (1964) 972, S. 63–64, 67.
Pakšver, A. B., Pakšver, É. A., Fasern auf der Basis von Polyacrylnitril. Chim. Volokna (Chem. Fasern) **6** (1964) 1, S. 56–61.
Kobayashi, H., Sasaguri, K., Fujisaki, Y., Amano, T., Einfluß des Molekulargewichts und seiner Verteilung auf das Strecken eines Polyacrylnitrilgels. J. Polymer Sci., Part A **2** (1964) 1, S. 313–331.
Mann, G., Gröbe, V., Purz, H.-J., Gröbe, A., Über die Bildungsweise der beim Verspinnen von Polyacrylnitril-Lösungen unter bestimmten Bedingungen entstehenden Radialkapillaren. Faserforsch. u. Textiltechnik **15** (1964) 4, S. 179.

III. Spinnerei (Verspinnen)

Dircks, A., Townend, P. P., Trends und Entwicklungen in der Kammgarnspinnerei. Textil-Praxis **19** (1964) 2, S. 126–132.
Quarmby, J. B., Fasermischung in der Streichgarnspinnerei. Textile Rec. **81** (1964) 972, S. 52–54.

Spinnereivorbereitung

Jóźwicki, R., Konverter- oder Krempelsystem bei der Verarbeitung von Chemiefasern. Technik włókienn. (Textiltechnik) **12** (1963) 12, S. 322 bis 325.
Posselt, J., Über die Wickelkontrolle in der Dreizylinderspinnerei. Spinner, Weber, Textilveredlung **82** (1964) 2, S. 109–110.

Spinnerei

Gruoner, S., Über den Einfluß des Wechselns bei Nummernschwankungen in der Spinnerei. Melliand Textilber. **45** (1964) 2, S. 126–130.
Wegener, W., Peuker, H., Das Faserband-Spinnverfahren – Teil V. Ökonomische Gesichtspunkte. Z. ges. Textilind. **66** (1964) 2, S. 99–108.
Wegener, W., Ehrler, P., Gewicht und spezifischer Draht eines Faserbandes während der Fadenbildung auf einem Standspinner. Z. ges. Textilind. **66** (1964) 2, S. 109–116.
Magin, E., Die strukturellen Wandlungen der Dreizylinderspinnerei in der Bundesrepublik Deutschland seit 1950. – 3. Teil. Textil-Praxis **19** (1964) 2, S. 196–200.
Chavkin, V. P., Molčanov, A. S., Die Übertragungsfunktionen der Streckwerke. Mitt. 2. Izv. vysšich uč. Zav. Technol. tekstil. Prom. (Hochschulnachr. Technol. Textil-Ind.) (1963) 6, S. 136–144.

Erzeugnisse der Spinnerei

Herstellung von Garnen für Tufting-Erzeugnisse. Skinner's Rec. **38** (1964) 2, S. 148–150.
Koch, F., Erfahrungen mit einem Universal-Zweiriemchenstreckwerk am Kammgarnflyer. Textil-Praxis **19** (1964) 2, S. 171–174.

IV. Materialvorbereitung. Texturfadenherstellung. Textilverbundstoffe

Materialvorbereitung

Kovac, F. J., Kersker, G. M., Die Entwicklung von Polyester-Reifencord. Textile Res. J. **34** (1964) 1, S. 69–79.
Moncrieff, R. W., Schlichten von hydrophoben Fasern. Textile Rec. **81** (1964) 972, S. 58–60.
Tomaszewski, R., Schlichten von Ketten aus Mehrkomponenten-Garnen. Technik włókienn. (Textiltechnik) **13** (1964) 1, S. 28–31.
Hermes, K., Zeitgemäße Betrachtungen zu Fragen des Kettschlichtens. Textil-Praxis **19** (1964) 2, S. 177–179.

Texturfadenherstellung

Neue Verfahren zur Bauschgarnherstellung. Skinner's Rec. **38** (1964) 2, S. 138, 140.
Wegener, W., Jammers, H. C., Hochtourige Falschdraht-Zwirnmaschine und Eigenschaften der damit erzeugten Kräuselgarne. I–III. Chemiefasern **14** (1964) 1, S. 50–59; 2, S. 121–126; 3, S. 194–195.
Rosenstein, A. J., Zur Lage auf dem Gebiet der Garntexturierung. SVF Fachorgan Textilveredl. Basel **19** (1964) 1, S. 31–33.
Schmidlin, H. U., Textur- und Stretchgarne; Bedeutung und Herstellungsmöglichkeiten. SVF Fachorgan Textilveredl., Basel **19** (1964) 1, S. 31 bis 33.

Textilverbundstoffe

Lorenz, G., Über Ausgangsstoffe und Herstellung kombinierter Textilverbundstoffe. Spinner, Weber, Textilveredlung **82** (1964) 2, S. 126–130.
Johansen, A. R., Schaumplastlaminierte Stoffe. Herstellungsmethoden, Eigenschaften und Gebrauchsanwendungen. Norsk Tekstiltid. **45** (1964) 2, S. 20–26 (4 S.) 48.
Bobe, J., Schwedische Papierstoffe. Textil-Praxis **19** (1964) 2, S. 181–182.
Jędrzejewski, W., Perspektiven und Voraussetzungen für die Entwicklung der Produktion von Verbundstoffen. Technik włókienn. (Textiltechnik) **12** (1963) 12, S. 334–338.

V. Weberei

Weberei

Mzyk, H., Vergleichende Betrachtungen von Webverfahren ohne Spulenschützen unter besonderer Berücksichtigung des Greiferschützen-Webautomaten Modell 4405, System Neumann. Dt. Textiltechnik **14** (1964) 3, S. 132–140.
Zilahi, M., Tarnoki, F., Fragen der Automatisierung der Leinen- und Hanfwebereien. Magyar Textiltechn. **16** (1964) 2, S. 55–62.
Kirchenberger, H., Das Problem der weiteren Automatisierung der Baumwollwebereien. Przegl. włókienn. (Textil-Rdsch.) **18** (1964) 1, S. 21–24.
Cianciara, J., Allgemeine Grundsätze für den Einsatz von Kettfadenwächtern in der Wollindustrie. Technik włókienn. (Textiltechnik) **12** (1963) 12, S. 325–326.

Erzeugnisse der Weberei

Lewandowski, S., Chemiefasern in der Filterproduktion. Technik włókienn. (Textiltechnik) **12** (1963) 12, S. 326–328.
Riesnert, W., Gewebefehler, die in der Weberei entstehen – Ursache und Verhütung. Teil 11. Textil-Praxis **19** (1964) 2, S. 179–181.

VI. Wirkerei. Strickerei. Konfektionstechnik Sonstige Technologien

Wirkerei und Strickerei

Wirken/Stricken gegen Weben. Hosiery Trade J. **71** (1964) 842, S. 82, 83, 88.
Singer, D. K., Neue Gebiete der Wirkerei- und Strickereitechnologie. Hosiery Trade J. **71** (1964) 842, S. 84–88.
Die Verwendung elektrischer Impulszähler an Wirk- und Strickmaschinen. Wirk.- u. Strick.-Technik **14** (1964) 2, S. 72–73.

Konfektionstechnik

Das Säumen schaumstoffkaschierter Textilien. Spinner, Weber, Textilveredlung **82** (1964) 2, S. 140.
Nawrocki, A., Konfektionierung von Gewirken und Gestricken aus Synthesefasern. Technik włókienn. (Textiltechnik) **12** (1963) 12, S. 328–330.
Aufbügelbare Einlagestoffe. Bekleid. u. Wäsche **16** (1964) 2, S. 125–126.

VII. Textilveredlung

Stump, W., Die Ausrüstung von Nylonwirkware und Elastic-Geweben. Amer. Dyestuff Rep. **53** (1964) 3, S. 31 (P 100) – 35 (P 104).
Pajgrt, O., Möglichkeiten der Nutzung von Kurzausrüstungsverfahren für Polyesterstapelfaser (Tesil) enthaltende Gewebe. Věda Výzk. Prům. textilním, Praha (Wiss. Forsch., Textilind.) **6** (1963) S. 67–85.

Farbstoffe, Textilhilfsmittel

Asinger, F., Berger, W., Fanghänel, E., Müller, K. R., Richter, G., Zur Kenntnis der Zusammenhänge zwischen Konstitution und oberflächenaktiven Eigenschaften von Alkylarylsulfonaten. III. Messungen an wäßrigen Lösungen der (1–7)-Phenyl-n-tetradecan-p-sulfonate, der (2–7)-Benzyl-n-tridecan-p-sulfonate und der p-Di-n-alkylbenzolsulfonate mit insgesamt 14 C-Atomen in den Seitenketten. J. prakt. Chemie 4. Reihe **23** (1964) 1/2, S. 89–97.
Sekido, M., Tanaka, Y., Die Einflüsse von nichtionogenen oberflächenaktiven Mitteln auf das Färben mit Direktfarbstoffen. II. Die Einflüsse der Konstitution und des HLB-Wertes von nichtionogenen oberflächenaktiven Mitteln. J. Soc. Textile Cellulose Ind., Japan **19** (1963) 12, S. 974 bis 978 (jap., engl. Zusammenfass.).
Jin, C. R., Cates, D. M., Der Einfluß von verschiedenen organischen Verbindungen auf die Polyäthylenterephthalatfaser. I. Die Absorption von o-Phenylphenol durch die Polyäthylenterephthalatfaser. Amer. Dyestuff Rep. **53** (1964) 2, S. 49 (P 64) – 53 (P 68).
Kationkapillaraktive Verbindungen als „Weichspülmittel" in der Wäscherei. Wäschereitechnik u. -chemie **17** (1964) 3, S. 152–156.
Versuchsmäßige Ultraviolettabsorber für Baumwolle. Textile Ind. **128** (1964) 1, S. 109.
Burdett, B. C., Nachweis von harzgebundenen Pigmenten und massepigmentierten Fasern. J. Soc. Dyers Colourists **80** (1964) 2, S. 83–87.
Wilcox jr., D. H., Dispersionsfarbstoffe: Einige historische Relationen. Amer. Dyestuff Rep. **53** (1964) 3, S. 15 (86) – 25 (96).
Gurr, E., Einige Wechselbeziehungen der in der Medizin und Biologie in Forschung und Lehre benutzten anionischen Farbstoffe. J. Soc. Dyers Colourists **79** (1963) 10, S. 461–464.
Mayston, R. S., Das Abziehen von Farbstoffen von Faserstoffen. Amer. Dyestuff Rep. **53** (1964) 4, S. 48 (P 142) – 53 (P 147).
Sharman, S. H., Weitgehender biologischer Abbau von synthetischen Waschmitteln. Nature, London **201** (1964) 4920, S. 704–705.

Bleicherei. Sonstige Vorbehandlungsarbeiten der Textilveredlung

Frieser, E. P., Über das Bleichen und die Bleichmittel in der Textilindustrie. IV. Spinner, Weber, Textilveredlung **82** (1964) 2, S. 117–121.
Moffitt, S., Kontinuierliches Bleichen von Baumwollgeweben. Textile Rec. **81** (1964) 972, S. 65–67.
Höcklin, D., Bleichen und Aufhellen von Polyester-Baumwoll-Mischungen 65:35. Ciba-Rdsch. Basel (1963) 6, S. 42–46.
Lanter, J., Aufhellen von Polypropylen mit Uvitex EBF konzentriert. Ciba-Rdsch., Basel (1963) 6, S. 46/47.

Färberei

Hladik, Vl., Färben von verschiedenen Viskosefasertypen. Věda Výzk. Prům. textilním, Praha (Wiss. Forsch. Textilind.) **6** (1963) S. 55–65.
King, J. C., Kontinuierliches Thermofixier-Färbeverfahren von gemischten Polyester/Baumwoll-Geweben. Amer. Dyestuff Rep. **53** (1964) 4, S. 38 (P 132) – 40 (P 134).

Rosenbaum, S., Färben von Polyacrylnitrilfasern. Teil II. Experimentelle Methoden und Färbegeschwindigkeit mit kationischen und anionischen Farbstoffen. Textile Res. J. **34** (1964) 1, S. 52–60.

Druckerei

Neues Verfahren zur Bindung von Farbstoffen an Cellulosefasern. Textile Rec. **81** (1964) 972, S. 61–62, 69.
Lindberg, J., Køpke, V., Fløisand, G., Heißfixieren von Protein- und Cellulosefasern. Textile Res. J. **34** (1964) 1, S. 23–28.
Feess, E., Der Zweiphasendruck mit Küpenfarbstoffen. II. Theoretische Grundlagen und praktische Anwendung. Melliand Textilber. **45** (1964) 2, S. 172–181.

Ausrüstung. Trocknung

Sevcik, F., Heißfixierung von Polyamid-6-Seiden in Wasser, gesättigtem Dampf und in der Luft. Věda Výzk. Prům. textilním, Praha (Wiss. Forsch. Textilind.) **6** (1963) S. 5–14.
Schiecke, H. E., Die permanente Fixierung von Geweben aus Wolle. Z. ges. Textilind. **66** (1964) 2, S. 133–140.
AMF-Verfahren zur Erzielung schrumpffreier Maschenware. Wirk- u. Strick-Technik **14** (1964) 2, S. 86.
Glaß, H., „Harzfrei". Ausrüstung von Baumwollgeweben. Dt. Textiltechnik **14** (1963) 3, S. 151–153.
Williams, V. A., Oxydation von Wolle durch Monopersulfat. Textile Res. J. **34** (1964) 1, S. 79–80.
Bodson, R., Herstellung von Kunstleder durch Beschichtung von Geweben mit PVC-Schaum. Kunststoff-Rdsch. **11** (1964) 2, S. 73–75.

Wäscherei. Chemische Reinigung

Viertel, O., Waschprobleme von Geweben aus Chemiefasern; Fragen der Etikettierung. Bekleid. u. Wäsche **16** (1964) 2, S. 129–132.
Richter, M., Rationelles Zeichnen mit farbigem Zeichenpapier. Wäscherei **11** (1964) 2, S. 37–38.
Szejtli, J., Holló, J., Komlós, S., Das Stärken in der Wäscherei. IV. Magyar Textiltechn. **16** (1964) 2, S. 78–80.
Scholtz, Vergleiche zur Ermittlung des Welthöchststandes. Das Waschen. Dt. Textiltechnik **14** (1964) 3, S. 160–161.
Magiera, L., Die Chemischreinigung vom Standpunkt des Lösungsmittel-Herstellers. Chemischreiniger u. Färber/Färber-Ztg. **17** (1964) 2, S. 58 bis 60, 62, 64.
Nause, K., Reinigungseffekt und Vergrauung beim Chemischreinigen. Chemischreiniger u. Färber/Färber-Ztg. **17** (1964) 2, S. 52–55.

VIII. Werkstoffprüfung. Meß- und Prüftechnik Standardisierung

Analysen und Prüfungen. Ciba-Rdsch., Basel (1963) 6, S. 22–27.
Slinger, R. I., Einige Anwendungen der statistischen Extremwerttheorie auf das Reißen von Garnen. Textile Res. J. **34** (1964) 1, S. 5–10.

Eigenschaften und Fehler der Textilmaterialien u. a.

Heimann, S., Die Wanderung der Farbstoffe in Geweben beim Trocknen. Z. ges. Textilind. **66** (1964) 2, S. 129–133.
Bock, H., Neubert, W., Kaulfersch, W., Erfahrungswerte für die Beurteilung von Textilien. Teil IV: Hemden-Popeline mit Kunstharz-Ausrüstung. Z. ges. Textilind. **66** (1964) 2, S. 120–125.
Shapillo, S., Zurek, W., Vergleich der Längencharakteristik von amerikanischen und sowjetischen Standardbaumwollen. Przegl. włókienn. (Textil-Rdsch.) **18** (1964) 1, S. 10–14.
Kittelmann, W., Putzger, D., Theoretische Grundlagen zur Feinheitsbestimmung an Faserstoffen mit dem Vibroskop. Mber. dt. Akad. Wiss. Berlin **6** (1964) 1, S. 62–63.
Cybula, S., Über die Wärmeisolierfähigkeit von Wollgeweben in Abhängigkeit von ihrem Aufbau. Przegl. włókienn. (Textil-Rdsch.) **18** (1964) 1, S. 18 bis 21.
Kaspárek, J., Kriechen und Erholung von Viskosefäden. Věda Výzk. Prům. textilním, Praha (Wiss. Forsch. Textilind.) **6** (1963) S. 15–43.
Ozawa, S., Eigenschaften von monofiler Seide aus Polyäthylen. I. Zugfestigkeitseigenschaften und Kriechwiderstand. J. Soc. Textile Cellulose Ind., Japan **19** (1963) 12, S. 953–961. (jap. engl. Zusammenfass.).
Ono, R., Maeda, H., Fujiwara, S., Ermüdungsmechanismus von Autoreifencord. IV. Wechselbeziehungen zwischen Dehnung, Druck und thermischen Einflüssen. J. Soc. Textile Cellulose Ind., Japan **19** (1963) 12, S. 962–967. (jap.; engl. Zusammenfass.).
Olson, E. S., Wetterfestigkeitseigenschaften von ausgewählten wasserabweisenden Ausrüstungsmitteln und ihren Trägerstoffen. Amer. Dyestuff Rep. **53** (1964) 2, S. 31 (P 46)–40 (P 55).
Howitt, F. O., Die Vergilbung von Wolle – eine Literaturübersicht. J. Textile Inst. **55** (1964) 2, S. T 136–T 145.
Michie, R. I. C., Neale, S. M., Der Einfluß von Kupfer und Eisen auf den Photoabbau von Baumwolle. J. Textile Inst. **55** (1964) 2, S. T 129–T 135.
Rau, J., Balbach, G., Die Bestimmung von Kunststoffen in beschichteten Textilien und Appreturen auf infrarotspektroskopischem Wege. Melliand Textilber. **45** (1964) 3, S. 308–310.
Hamilton, R. L., Miller jr., C. H., Die während der zyklischen Dehnung erreichten Temperaturen und die Wärmeleitfähigkeit von Garnen. Textile Res. J. **34** (1964) 1, S. 20–23.
Helmecke, R., Elektrostatik im Reinigungsprozeß. Chemischreiniger u. Färber/Färber-Ztg. **17** (1964) 2, S. 64, 66.
Wegener, W., Sprenkmann, W., Betrachtungen über das unterschiedliche elektrostatische Verhalten avivierter Fasern und daraus gezogene Folgerungen für die kontinentale Kammgarnspinnerei. 2. Teil. Textil-Praxis **19** (1964) 2, S. 163–170.
Moskowitz, G. D., Suppiger, E. W., Energiespeicherung in axial und lateral belasteten Fäden. Textile Res. J. **34** (1964) 1, S. 34–39.
Haly, A. R., Snaith, J. W., Physikalische Eigenschaften von Wollfasern bei verschiedenen Feuchtigkeiten. Teil IX. Weitere Versuche zur Erholung nach 20%iger Dehnung. Textile Res. J. **34** (1964) 1, S. 1–5.
Walker, I. K., Änderungsgeschwindigkeit der Feuchtigkeitsaufnahme von Geweben in Abhängigkeit von der relativen Luftfeuchtigkeit. Textile Res. J. **34** (1964) 1, S. 85–86.
David, H. G., Änderungsgeschwindigkeit der Feuchtigkeitsaufnahme von Geweben in Abhängigkeit von der relativen Luftfeuchtigkeit. Textile Res. J. **34** (1964) 1, S. 86.
Zuzański, F., Bemerkungen zum Thema der „Überspannungen" von Garn in Geweben des Wolltyps mit einem Anteil an Polyesterfasern. Technik włókienn. (Textiltechnik) **13** (1964) 1, S. 23–28.
Forrester, R. C., Davison, J. L., Technologie und Chemie von Polyester/Cellulose-Mischgeweben. Amer. Dyestuff Rep. **53** (1964) 4, S. 41 (P 135) bis 47 (P 141).
Swindell, W. C. F., Methoden zur Erhaltung der Wolleigenschaften während des Färbens. J. Soc. Dyers Colourists **79** (1963) 10, S. 457–461.
Berch, J., Peper, H., Drake jr., G. L., Naßanschmutzung von Baumwolle. Teil II. Einfluß von Ausrüstungen auf die Schmutzentfernung von Baumwollgeweben. Textile Res. J. **34** (1964) 1, S. 29–34.
Kratzsch, Ch., Riehl, H.-J., Tröller, H., Ermittlung der Filzfähigkeit von Kammzug und loser Wolle. Faserforsch. u. Textiltechnik **15** (1964) 4, S. 148–152.
Stuart, H. A., Jeschke, D., Markowski, G., Spannungsrißkorrosion an hochpolymeren Werkstoffen. I. Reine Spannungsrißbildung. Materialprüfung **6** (1964) 3, S. 77–85.
Kustanovič, I. M., Patalach, I. I., Polak, L. S., Über die Halbleitereigenschaften von einer Pyrolyse unterworfenen Polyacrylnitrilfasern. Vysokomol. Soed. (Hochmol. Verbind.) **6** (1964) 2, S. 197–200.

Meß- und Prüftechnik

Kritzinger, C. C., Linhart, H., Slinger, R., Der Einfluß der Kräuselung auf die Ergebnisse der Feinheitsbestimmung im Luftstrom. Textile Res. J. **34** (1964) 1, S. 82–83.
Seemann, F. W., Ein einfaches Verfahren zur Messung der Oberflächenspannung benetzender Flüssigkeiten. Z. Instrumentenkde. **72** (1964) 3, S. 82–84.
Warenprüfgerät „Vacumat". Melliand Textilber. **45** (1964) 3, S. 270.
Pester, W., Beobachtung und Messung der kapillaren Wasseraufnahme von Geweben aus Zellulosefasern. Melliand Textilber. **45** (1964) 3, S. 277–279.
von Hornuff, G., Fortschritte in der Mechanisierung der Farbechtheitsprüfung. Dt. Textiltechnik **14** (1964) 3, S. 149–151.
Kington, G. L., Smith, P. S., Ein Kalorimeter und Kryostat zur Wärmemessung der physikalischen Adsorption. J. sci. Instruments **41** (1964) 3, S. 145–148.
Slevogt, K., Wirth, H., Das Chemometer, ein neuartiges Mehrzweckgerät für das chemische Laboratorium. I. Teil. Beschreibung des Gerätes. Z. Instrumentenkde. **72** (1964) 3, S. 72–74.
Oehme, F., Das Chemometer, ein neuartiges Mehrzweckgerät für das chemische Laboratorium. II. Teil. Anwendungsbeispiele des Chemometers. Z. Instrumentenkde. **72** (1964) 3, S. 75–81.
Coates, E., Rigg, B., Murton, R., Smith, D. H., Aggregation in wäßrigen Lösungen: Solochrom Black WDFA. J. Soc. Dyers Colourists **79** (1963) 10, S. 465–471.
Pande, A., Messung und Kontrolle der Feuchtigkeit in Textilien. Teil X. Textile Rec. **81** (1964) 972, S. 55, 60.
Zwierlein, K. J., Qualitätskontrolle mit Hilfe von Schautafeln. Melliand Textilber. **45** (1964) 3, S. 256–259.
Frank, F., Singleton, R. W., Eine Untersuchung der Einflußfaktoren auf das Ermüdungsverhalten von Garnen beim Zugversuch. Textile Res. J. **34** (1964) 1, S. 11–19.
Vollautomat für die Drehungsprüfung von Garnen. Melliand Textilber. **45** (1964) 3, S. 335.
Margolin, I. S., Verbessertes Gerät für die Bestimmung der Stützfläche von Geweben. Tekstil. Prom., Moskwa (Textil-Ind.) **23** (1963) 12, S. 63–64.
Hsu, B., Dynamischer Biegesteifheitsmesser mit elektrostatischer Erregung. J. sci. Instruments **41** (1964) 3, S. 153–156.
Jaeckel, S. M., Ward, C. D., Ausbleichen von Pastellfarben auf Wolle durch Licht und Schwefeldioxid. J. Soc. Dyers Colourists **80** (1964) 2, S. 72–82.
Röder, I., Poroszlay, B., Untersuchung der mechanischen Schädigung der Baumwollfasern. Magyar Textiltechn. **16** (1964) 2, S. 49–54.
Rees, W. H., Wärme durch geringes Gewicht. Textile Inst. Ind. **2** (1964) 2, S. 29–31.
Kennedy, R. H., Infrarot-Temperaturmessung und ihre Anwendung auf Textilausrüstungsverfahren. Amer. Dyestuff Rep. **53** (1964) 2, S. 41 (P 56) bis 48 (P 63).
Pande, A., Messung und Kontrolle von Feuchtigkeit in Textilien. Teil VIII. IX. Textile Rec. **81** (1964) 970, S. 46–48; 971, S. 67–68, 72.
Kehren, M., Zum Problem des Kupfergehaltes von Gummierungsware. Z. ges. Textilind. **66** (1964) 2, S. 126–129.
Johnston, F. R., Wheadon, E., Die Identifizierung von Polyamidfasern. J. Textile Inst. **55** (1964) 2, S. T 162.
Nitschke, G., Ermittlung der Haftungsverhältnisse von Kammzügen, Krempel-, Strecken- und Spinnbändern durch Bestimmung der Zugfestigkeit. Z. ges. Textilind. **66** (1964) 2, S. 93–99.
Murphy, A., L. Margavio, M. F., Welch, C. M., Eine Methode zur Vermeidung von Festigkeitsverlusten während der „wash and wear"-Ausrüstung von Baumwollgewebe. Amer. Dyestuff Rep. **53** (1964) 2, S. 25 (42) bis 26 (43).
Selwood, A., Ein Katapultverfahren für die Ausdehnung von Textilfäden bei hohen Geschwindigkeiten. J. Textile Inst. **55** (1964) 2, S. T 146–T 153.
Pohl, G., Eine Apparatur zur Messung des komplexen Elastizitäts- und Torsionsmoduls von Polymeren bei hohen mechanischen Verlusten. Plaste u. Kautschuk **11** (1964) 3, S. 143–146.
„Dylan Cubex" – ein Schrumpf-Testapparat für Wirk.- u. Strickware. Wirk.- u. Strick.-Technik **14** (1964) 2, S. 84, 86.
Balcar, Z., Bestimmung von rohen Baumwoll- und Mischgarnen. Textil, Praha **19** (1964) 2, S. 64.

Standardisierung. Terminologie

Venus, E., Stand und Perspektive der Wäschestandardisierung. Wäscherei **11** (1964) 2, S. 39–43.
Hopkinson, J. C., Bezeichnung und Darstellung von Maschenwaren. Hosiery Trade J. **71** (1964) 841, S. 92–93.

IX. Betriebstechnik. Ökonomie. Tagungsberichte u. dgl. Sonderfragen

Ökonomie

Automatisierung in der Strumpffärberei. Hosiery Trade J. **71** (1964) 842, S. 99, 105.
Heßland, D., Über die Fertigkeitsüberwachung in der Bekleidungsindustrie. Bekleid. u. Wäsche **16** (1964) 2, S. 112–114.

FSC
www.fsc.org
MIX
Papier | Fördert gute Waldnutzung
FSC® C083411

Kolibri 360 GmbH
Ferdinand-Jühlke-Straße 7
99095 Erfurt, Deutschland
produktsicherheit@kolibri360.de